BIBLIOTHÈQUE DE L'HORTICULTEUR PRATICIEN

Comte Léonce de LAMBERTYE

CONSEILS SUR LES SEMIS ET LA CULTURE DE LÉGUMES EN PLEINE TERRE SANS ABRIS

SIXIÈME ÉDITION

Tomate rouge naine hâtive.

PARIS
LIBRAIRIE CENTRALE D'AGRICULTURE ET DE JARDINAGE
RUE DES ÉCOLES, 62, PRÈS LE MUSÉE DE CLUNY
— Auguste GOIN, éditeur —

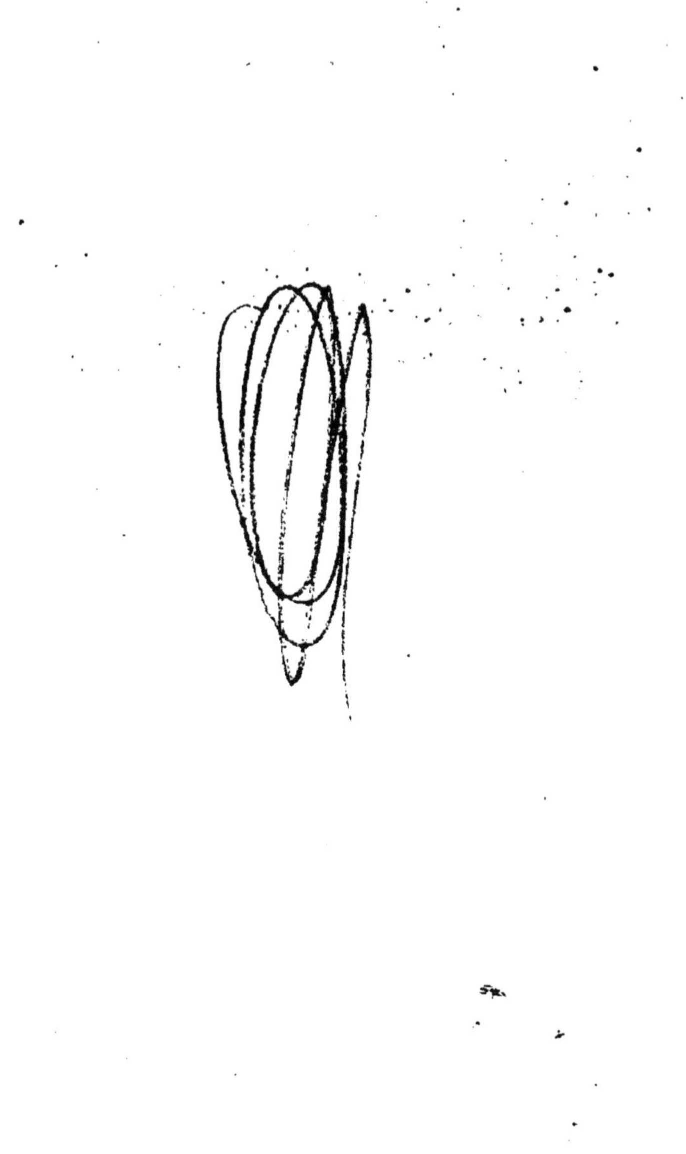

CONSEILS SUR LES SEMIS ET LA CULTURE

DE

LÉGUMES EN PLEINE TERRE

SANS ABRIS

Chou Brocoli Sprouting.

La culture de ce Chou est, à peu de chose près, celle du Chou de Bruxelles, voir page 48.

Pour plus de détails, voir le *Nouveau Jardinier illustré*, page 564.

Comte Léonce de LAMBERTYE

CONSEILS SUR LES SEMIS ET LA CULTURE

DE

LÉGUMES EN PLEINE TERRE

SANS ABRIS

SIXIÈME ÉDITION

Artichaut gros vert de Laon.

PARIS

LIBRAIRIE CENTRALE D'AGRICULTURE ET DE JARDINAGE

RUE DES ÉCOLES, 62, PRÈS LE MUSÉE DE CLUNY

— Auguste GOIN, éditeur —

AVANT-PROPOS

Cette édition est augmentée et entièrement refondue.

J'ai cédé aux sollicitations d'un public que je n'avais pas en vue dans les éditions précédentes.

Il existe dans les villes beaucoup de petits rentiers, de marchands retirés des affaires, qui, libres de leur temps, s'adonnent au jardinage et veulent essayer un peu de chaque chose : afin de les satisfaire, j'ai introduit dans ce nouveau petit livre plusieurs légumes d'une culture trop chère pour prendre place dans les jardins de village.

Ainsi, chacun y trouvera ce qu'il veut, et rejettera ce dont il n'a que faire.

Cte Léonce DE LAMBERTYE.

OUVRAGES CONSULTÉS

Manuel pratique de la culture maraîchère, par MOREAU et DAVERNE.

Manuel pratique de la culture maraîchère, par COURTOIS-GÉRARD.

Description des plantes potagères, par VILMORIN-ANDRIEUX et Cie.

CONSEILS SUR LES SEMIS ET LA CULTURE

DE

LÉGUMES EN PLEINE TERRE

SANS ABRIS

PREMIÈRE PARTIE

OBSERVATIONS ET PRINCIPES GÉNÉRAUX

Il ne faut pas s'étonner des détails dans lesquels je vais entrer ; je préviens qu'ils sont adressés spécialement aux personnes qui ne savent rien ou savent très peu de chose en culture potagère. Les semis de printemps sont presque tous retardés ; ceux d'automne, un peu avancés. Ceux-là seuls pourront être surpris, qui ignorent que la culture potagère dans les villages ne peut être absolument semblable à la culture des jardiniers maraîchers ou en place.

§ 1er. – **Les sept huitièmes des légumes étant des plantes annuelles ou bisannuelles, il faut les semer.** — Tous les légumes, à l'exception des suivants : *Artichaut*, *Asperge*, *Chervis*, *Crambé*, *Oseille*, *Pissenlit*, *Pomme de terre* : et ceux employés en condiments : *Ciboulette*, *Estragon*, *Raifort ;* tous, à l'exception des dix que je viens de citer, sont des *plantes annuelles* ou des *plantes bisannuelles*.

Annuelles, si elles ne vivent qu'un an ; si, semées au printemps, elles naissent, grandissent, fleurissent, portent des graines mûres et meurent avant l'hiver. Exemples : le *Pois*, le *Haricot*.

Bisannuelles (deux fois annuelles), si elles vivent deux ans; si, semées soit au printemps, soit en été, elles ne fleurissent, ne portent des grains mûres et ne meurent que l'année suivante. Exemples : la *Carotte*, l'*Oignon*.

Ainsi, sauf les dix légumes ou plantes à condiment que je viens de citer, et qui sont *vivaces*, c'est-à-dire, qui vivent au delà de deux ans, toutes les autres sont des plantes annuelles ou bisannuelles. Par conséquent, il faut absolument avoir recours au semis quand on veut les cultiver. Et encore, parmi ces dix légumes *vivaces*, a-t-on l'habitude d'en multiplier plusieurs par graines.

Mais pour semer, il faut des graines. On se les procure de deux façons. On peut en récolter chez soi, on peut les acheter. Un mot d'abord sur celles qu'on récolte.

§ 2. — **Des graines qu'on récolte quand on n'est pas jardinier de profession.** — D'ordinaire, vous récoltez pour votre usage les grosses, je veux dire celles de *Haricot* et de Pois et quelques autres. Si vous preniez les précautions nécessaires pour maintenir les variétés pures, je vous approuverais; mais je ne crois guère que vous sachiez prendre ces précautions-là Il vous arrive, par exemple, de laisser *monter à graines* des pieds de choux dégénérés, échappés à l'hiver dans votre jardin : vous croyez qu'il y a tout profit, et moi je vous donne tout à fait tort. Cette graine provenant de plantes abâtardies produira, il est fort à présumer, des choux qui ne pommeront pas ou pommeront mal; or, ce qu'il faut à vous et à vos ménagères, ce sont de bons choux bien pommés pour remplir la marmite.

Oui, cela est sûr, vos variétés sont mêlées et dégénérées. « Un pois est un pois, une laitue est une laitue. » Il y a des pois hâtifs nains et demi-nains, des demi-hâtifs, des tardifs excellents qui s'élèvent très haut ; — il y a des laitues de grosseurs et de qualités diverses; et il doit vous importer que toutes ces variétés soient distinctes entre elles, pour en faire l'usage que je vous recommanderai.

Croyez-moi, renoncez à récolter vos graines potagères, vous perdez du terrain et votre temps, qui peuvent être mieux employés. Achetez-les; et vous trouverez économie tout en sacrifiant une petite somme. Ce langage, vous ne l'avez peut-être jamais entendu; il vous paraît singulier. Essayez tout de bon.

§ 3. — **Des graines qu'on achète.** — Là est la difficulté et se rencontre le danger. D'où tirez-vous vos graines? De trois provenances :

1° Si vous êtes rapprochés d'une ville, quand vous y allez au marché, vous avez recours aux marchands grainetiers en *boutique*, qui vous vendent des graines qu'ils reçoivent des premières maisons de Paris. Cette habitude est excellente; vous y trouvez votre profit, à la condition de recommencer chaque année à en acheter. Encouragez vos voisins à vous imiter;

2° Mais je suis loin d'avoir une confiance égale dans la qualité de celles que certains jardiniers vous vendent sur la place du marché, dans les chefs-lieux de canton;

3° J'en ai un peu moins encore dans celles que vous pouvez obtenir des jardiniers en maison bourgeoise, qui gardent, les uns et les autres, pour eux ce qu'ils ont de mieux.

Vous manquez donc habituellement de bonnes graines; cependant, rien ne serait plus facile que de faire cesser ce fâcheux état de choses. Si, dans chaque chef-lieu de canton de votre département, ou bourg quelconque dans le canton, se rencontrait un marchand recommandable qui voulût entrer *directement* en relation commerciale avec une importante maison de graines de Paris; si, disposé à recevoir des semences de différentes sortes de légumes indiqués sur ma liste, renfermées dans de petits paquets *cachetés*, de toute grandeur, du poids de 5 à 30 grammes, portant l'estampille du marchand grainetier; si, dis-je, le marchand de la localité revendait ensuite en se contentant d'un bénéfice de 30 p. 100 (au lieu de 100 p. 100, ce qui a lieu trop souvent), les petits paquets qui seraient taxés à un prix très raisonnable, la nouvelle en serait bien vite répandue dans tous les villages. Chacun irait s'approvisionner annuellement au chef-lieu de canton, et avec une pièce de 2 francs, 3 francs au maximum, un petit ménage pourrait se pourvoir des sortes de légumes les plus indispensables (1).

Si j'insiste sur les paquets *cachetés et estampillés*, c'est pour offrir plus de garantie à l'acheteur; mais dès qu'il serait reconnu dans le pays qu'on peut se fier entièrement aux graines provenant de telle maison, l'économie des paquets cachetés supprimés pourrait se faire, et les acheteurs en profiteraient. Ce serait alors le marchand de la localité qui mettrait lui-même les graines en petits paquets non clos.

Il y a quelques années, dans le département de la Marne, que j'habite, les habitants des villages achetaient très rarement des graines, et d'assez médiocres, *seulement* sur les places des marchés. Le jardinage s'en ressentit. J'écrivis des *Conseils sur les semis de graines de légumes* qui pouvaient convenir à vingt départements du climat parisien. La Société d'agriculture de la Marne, les colonies agricoles, les instituteurs, répandirent ce petit livre par milliers d'exemplaires : il pénétra partout. J'y donnai l'avis, que je renouvelle ici, d'organiser des centres de vente de bonnes graines, au moins dans une localité par canton. Je fus écouté. Aujourd'hui l'on trouve à acheter des graines potagères dans presque tous les cantons de la Marne. Les habitants ont pris l'habitude de se les procurer ainsi, et recommencent chaque année. Dès lors, la culture potagère se trouve visiblement transformée dans les petits jardins, Presque chaque ménage a chez lui

(1) Voici comment j'entends ce choix restreint. Il se compose de vingt et une sortes, savoir : Betterave rouge à salade, Carotte demi-longue obtuse, Chicorée frisée de Meaux, Chou d'York petit et Cœur-de-Bœuf gros, Milan à pied court, Milan des Vertus, Cabus de Saint-Denis, Chou-Navet, Laitue de Passion, Morine, Laitue Palatine, Ognon jaune paille des Vertus, Navet d'Auvergne, Persil, Poireau gros de Rouen, Radis rose, jaune d'été, noir d'hiver, Romaine blonde maraichère.

Vingt et un paquets, dont onze à 10 c.	1 fr. 10 c.
et dix à 15 c.	1 50
Total.	2 fr. 60 c.

de bons légumes pour sa consommation annuelle, et n'en achète pas.

Cependant, les bonnes graines ne lèvent pas sans qu'on y mette la main ; il faut savoir les semer, et ensuite soigner les semis. Il en sera question plus bas.

§ 4. — **Des plants qu'on achète.** — Les plants élevés par les jardiniers maraîchers qui vous sont vendus sur les marchés des villes peuvent, à la rigueur, vous dispenser de semer certaines espèces : *Choux* divers, *Céleri*, *Chicorée*, *Oignon*, *Poireau*, etc. ; mais en admettant que ces plants vous donnent des produits assez convenables, ma conviction profonde est que vous retireriez des plants élevés *chez vous*, avec les graines dont j'ai parlé dans le précédent paragraphe, de précieux avantages. Chacun, en avançant ou reculant ses semis, selon la nature du terrain et de la variété, l'exposition, le climat, le temps enfin, *ferait son plant* dans des conditions excellentes, et pourrait toujours le mettre *en place* à l'époque la plus convenable.

Je ne m'appuierai que d'un exemple. A peine cultivez-vous le *Chou d'York petit*. Le plant de chou qu'on vous vend est rarement pommé avant l'époque des premières récoltes. Vous en manquez presque tous au moment des foins. Eh bien ! si vous semiez dans votre jardin les variétés que je recommande, vous pourriez manger, *sans interruption*, des choux *pommés* depuis le 1er juin jusqu'au commencement de mars de l'année suivante, c'est-à-dire neuf mois sur douze.

Vous n'êtes pas obligés de me croire sur parole. Essayez, je ne vous en demande pas plus ; si vous ne suivez qu'à demi mes conseils, ce sera à recommencer.

§ 5. — **Des jardins et de leur contenance.** — Chaque habitant, du moins dans le département de la Marne, a son jardin. Il serait à souhaiter que sa contenance ne fût pas dérisoire; car, comment s'alimenter de légumes dans 1 à 3 ares de terrain? et pourtant, on en trouve de cette contenance dans plusieurs communes. 6 ares est une étendue suffisante pour un ménage avec enfants, et je les souhaiterais à tous les cultivateurs et journaliers. J'ai dit suffisante, pour fournir des légumes à la consommation pendant toute la belle saison; mais pour les provisions d'hiver, il faudrait pouvoir affecter 12 ares environ à la culture des *Choux*, *Haricots*, *Pois* et *Pommes de terre*; total 18 ares.

Beaucoup de jardins sont négligés ou abandonnés, parce qu'on manque de connaissances suffisantes, et que dès lors on ne comprend pas les avantages qu'on pourrait en tirer.

Avec *mes conseils*, si vous voulez les suivre, chaque habitant deviendra jardinier en peu de temps, cultivant pour lui-même et sa famille. Je n'en veux pas dire plus.

§ 6. — **Des semis sur place et en pépinières.** — Si peu de connaissances que vous possédiez en jardinage, vous savez cependant que, parmi les légumes, les uns se sèment *sur place*, c'est-à-dire là, à la place où ils doivent rester et produire. Ils ne se transplantent pas. Exemples : *Pois, Radis*, etc. Les autres se sèment en *pépinière*, c'est-à-dire, sur un bout de terrain d'où, quand le jeune plant est assez fort, on doit l'enlever pour le planter dans des carrés. Exemples : *Chicorée*, *Chou*, *Poireau*, etc.

§ 7. — **La meilleure place du jardin doit être réservée aux premiers semis en pépinière.** — Si vos petits jardins regardent le midi et sont attenants à vos demeures, la bande de terre qui longe le pied du mur de la maison reçoit beaucoup de chaleur, parce qu'elle est parfaitement exposée et abritée. Eh bien ! cette place précieuse doit toujours être réservée aux premiers semis en pépinière que vous faites. Si votre jardin n'est pas contigu à votre maison, établissez-y un *brise-vent* de quelques mètres de long. Les brise-vent sont des paillassons qui, au lieu d'être cousus en ficelle, comme ceux des maraîchers, sont tenus par trois rangs de lattes ou gaules attachées avec de l'osier; ils servent, dans les jardins qui n'ont ni murs ni haies, à faire des abris pour certains semis et plantations : on les place debout, soutenus par de petits piquets. On y emploie : paille, genêts, roseaux, fougères même.

§ 8. — **Conditions pour qu'un semis réussisse.** — J'en trouve huit, en admettant que les graines soient de bonne qualité : 1° préparation du sol ; 2° époque convenable de semer ; 3° choix d'un temps propice ; 4° manière de semer ; 5° tasser le sol s'il est léger ; 6° recouvrir plus ou moins les graines ; 7° arroser devant et après la *levée ;* 8° désherber.

Je vais passer en revue chacune de ces conditions.

1° *Préparation du sol.* — Bêcher en temps convenable, je veux dire quand la terre ne colle pas à la bêche ; bien casser les mottes, laisser hâler un peu ; puis émietter avec une fourche ou un rateau à grandes dents de fer écartées, niveler avec un rateau fin, dresser la planche au cordeau.

2° *Époque convenable pour semer.* — Vous savez tous qu'il n'y a aucun risque à courir en semant des *Pois* dès que la terre peut se bêcher, soit fin de février, soit première quinzaine de mars ; — si, à ce moment vous semiez des *Haricots*, ils pourriraient, et pourquoi ? — Parce que le haricot exige plus de chaleur que le pois ; vous attendez donc, pour semer les haricots, parfois pas assez, car il est bien rare que vos semis d'avril tournent bien. — Laissez la terre s'échauffer, remettez au mois de mai. — Les *Navets* semés trop tôt, les *Épinards* semés avant l'automne, *montent.* Le *Chou d'York petit* semé au printemps, le *Radis rose* en été, ne font rien. Je n'en finirais pas !... Il faudrait citer tous les légumes. J'ai voulu prouver que chacun avait sa saison, et qu'il faut la connaître.

3° *Choix d'un temps propice.* — J'entends par là une terre en bon état, ni trop humide, ni trop sèche, pouvant bien s'émietter sous les dents du râteau ; un temps calme, car si l'on sème par le vent, il entraîne les graines légères, celles de *Carottes*, de *Laitues*, par exemple, les accumule à certaines places et en prive d'autres.

4° *Manière de semer.* — Règle générale, sauf les jardiniers maraîchers qui ont une grande habitude de semer, et quelques jardiniers de maison bourgeoise, on sème mal, on sème trop dru. En voici les résultats fâcheux : Si le semis a été fait en pépinière, et qu'on tarde de planter le jeune plant, comme il est très serré, il blanchit, il allonge, il s'affaiblit, et il est longtemps à *reprendre*, c'est-à-dire, à faire de nouvelles racines, à s'attacher au sol, à pousser. Si le semis a été fait *à la volée, sur place* et trop dru, les petites plantes seront beaucoup trop près, et alors il faudra retirer à la main, un à un, des centaines, même des milliers de plants ; besogne minutieuse, temps perdu et graine aussi.

5° *Tasser le sol s'il est léger.* — C'est ce que les maraîchers appellent *plomber*, *trépigner*. Quand une planche vient d'être semée, ils la *trépignent* avant de la terreauter, c'est-à-dire, qu'ils marchent dessus avec des sabots dont les talons sont usés, en serrant toujours les pieds de manière à aplatir toute l'étendue de la planche ensemencée. Le but de cette opération est de faire adhérer à la terre les graines, et plus tard les racines des jeunes plants. Le tassement étant terminé, répandez sur la planche, une légère couche de 10 à 15 millimètres de terreau ou de crottin de cheval desséché. Si vous manquez de l'un et de l'autre, brouillez la surface du sol avec le râteau.

6° *Recouvrir plus ou moins les graines.* — Les graines de *Fèves*, de *Haricots*, de *Pois* sont les plus grosses graines potagères ; vous les couvrez d'une épaisseur de 4 à 6 centimètres, et vous faites bien ; celles de *Betteraves*, *Choux*, *Épinards*, *Ognons*, *Radis*, etc., auront assez de 15 à 20 millimètres de terreau ; les plus fines enfin, celles de *Carottes*, *Céleris*, *Chicorée*, *Laitues*, etc., se contenteront de 5 à 10 millimètres.

7° *Arroser avant la levée et après.* — J'admets que vous ayez semé de bonnes graines avec tout le soin possible ; tout n'est pas fini. Les voilà en terre ; mais qu'il survienne un temps sec, les grosses graines qui ont une assez bonne épaisseur de terre sur le dos lèveront ; mais les semences qui sont presque à fleur du sol ne germeront pas ; il faut de l'humidité. Arrosez donc, si vous tenez à ce que votre semis ne soit pas perdu. Si vous avez lieu de craindre la fraîcheur de la nuit, arrosez légèrement à la pomme le matin, et quand la surface de la terre est imbibée, repassez avec votre arrosoir ; si le temps est chaud, arrosez le soir et entretenez la fraîcheur jusqu'à la *levée*. Dès lors, vous pourrez arroser moins souvent ; mais n'oubliez pas que les petits plants ont besoin d'être humectés aussi.

J'ai parlé de la nécessité d'arroser, car je ne puis admettre de jardinage sans eau.

8° *Désherber*. — Les graines sont bien levées, vous entretenez la fraîcheur pour que les jeunes plantes grandissent. Ce n'est pas encore tout ; d'autres graines que celles semées par vous ont germé aussi : les graines de *mauvaises herbes ;* et si vous n'y prenez garde, la mauvaise herbe étouffera la bonne.

Vous savez cela ; il ne suffit pas de savoir, il faut appliquer ce qu'on sait, il faut employer votre vigilance à désherber, c'est-à-dire, à arracher avec la main toutes ces herbes à mesure qu'elles se montrent ; tenir, en un mot, votre semis propre.

§ 9. — **Du terreau, son emploi, manière d'en faire.** — Plusieurs parmi vous n'ont jamais entendu parler de terreau. On donne ce nom à une substance noirâtre provenant de la décomposition du fumier, des feuilles ou d'autres substances végétales, soit séparées, soit réunies. L'emploi du terreau est d'une grande importance ; il contribue beaucoup à la réussite des petites graines et à la vigueur des plants. Vous n'en avez pas ? Vous pourrez facilement en avoir. Voici le moyen d'en fabriquer.

Les fermiers et les cultivateurs feront dans un coin de leur jardin, ou dans le voisinage, un tas de fumier d'étable bien égalisé et piétiné du volume de 2 mètres cubes au moins. Ce fumier sera arrosé à plusieurs reprises dans l'été, afin d'avancer sa décomposition. Au bout de six mois de dépôt, ce serait une bonne opération de démonter et de remonter ce tas, ayant soin de mettre dans l'intérieur les parties exposées précédemment à l'air. Six mois après, le terreau sera suffisamment fait pour être employé à *terreauter*, et ce qui restera du tas continuera à se transformer en terreau plus réduit, qui conviendra à l'empotage des fleurs, si vous en avez. Vous voyez qu'il faut s'y prendre un an d'avance pour faire du terreau.

Comme mes conseils ne sont pas seulement à l'adresse des habitants de la campagne possesseurs de bêtes à corne et de chevaux, mais tout autant à celle des ecclésiastiques, instituteurs, vignerons, bûcherons, journaliers, enfin, à ceux qui n'ont que des porcs, des chèvres, des lapins, je leur dirai : Ces animaux font du fumier. On peut apporter des bois et des champs des fougères, des herbes sèches, des feuilles, des genêts. Votre maison vous fournit des balayures ; votre jardin, de mauvaises herbes, surtout bonnes *avant qu'elles soient en graines*. Ces matières, toutes ou en partie, mises en tas, fermenteront, se consumeront vite ; mais encore faut-il qu'elles soient préparées d'une certaine façon.

Déposez par lits : fumiers, herbes sèches, herbes vertes, balayures, râclures ; piétinez, arrosez quelquefois par la chaleur pour hâter la pourriture de tous ces matériaux. Si vous commencez cette besogne au printemps, et si, à l'automne, vous prenez le soin de défaire le tas, de le remuer et de le rétablir en plaçant au milieu les parties les moins décomposées, le printemps d'après, vous aurez du terreau, pas encore parfaitement *fait*, mais suffisamment bon pour couvrir vos semis. Chaque année, faites un nouveau tas (compost), vous y prenant de la même manière.

§ 10. — **Terreautage.** — *Terreauter*, c'est répandre sur une planche semée, ou qu'on se propose de planter, un lit de terreau fin, de l'épaisseur de 10 à 15 millimètres. On dépose le terreau par petits tas de distance en distance sur la planche, et avec la pelle ou un râteau on le répand le plus également possible. Le terreautage a pour effet d'échauffager le sol, de l'empêcher de se dessécher, de se fendre ou crevasser, et enfin de céder ses parties nutritives à la terre, au profit des plantes, chaque fois qu'il pleut ou qu'on arrose.

N'étant pas encore initiés aux procédés un peu raffinés du jardinage, vous ne pouvez comprendre l'importance qu'il y a de posséder du terreau et de s'en servir. Quand, un jour, vous consentirez à en recouvrir tous vos semis de printemps, ceux en pépinière et plusieurs de ceux en place, vous obtiendrez un succès complet.

Essayez-en le plus tôt possible.

§ 11. -- **Du paillis.** — *Pailler*, c'est couvrir une ou plusieurs planches labourées (bêchées) d'un lit de fumier court d'étable, à moitié consommé, et d'une épaisseur de 1 à 2 centimètres et au delà parfois, de manière qu'on ne voie plus la terre.

Le paillis a pour effet de tenir la terre humide, de faciliter l'imbibition de l'eau des arrosements, de s'opposer à son évaporation, de céder ses parties nutritives à la terre au profit des plantes. Le paillis concentrant l'humidité plus que le terreau, on ne doit pas l'employer avant que la chaleur soit franchement arrivée. On terreaute au printemps et en automne, on paille l'été.

Le paillis est une des opérations les plus fréquentes, les plus importantes des cultures maraîchères bien comprises. Plus le sol est léger, plus l'urgence du *paillage* se fait sentir. Essayez-en sur une planche de *Haricot nain*, humectez au besoin, et pas une fleur ne grillera au soleil. Essayez-en aussi sur des *Choux*, ils formeront tous leurs pommes ; sur des *Romaines*, elles deviendront grosses et seront *lentes à monter*.

Essayez, et vous serrez frappés du résultat.

§ 12. — **Arrosage, bassinage.** — L'eau, vous le savez, est de première nécessité à l'entretien de la vie chez les végétaux. Celle qu'ils reçoivent naturellement de la pluie ne leur suffit pas toujours; alors on leur vient en aide par des arrosements faits à propos. Certaines espèces sont avides d'eau : elles n'en reçoivent jamais trop; d'autres ne réclament qu'un peu d'humidité. Entre ces deux extrêmes se trouvent tous les degrés. Faute d'une quantité d'eau suffisante, les plantes prennent un air rachitique, restent basses; en un mot ne se développent pas. Le profit qu'on en attendait devient nul. Vous arrosez trop peu. Si parmi vos semis, faits avec de *bonnes graines*, plusieurs sortes ne lèvent pas ou lèvent mal, il ne faut pas vous en prendre toujours au marchand, mais à vous mêmes; vous avez négligé de les *bassiner*. Si les plants repiqués disparaissent çà et là, c'est par le même motif.

Vous êtes frappés souvent sur les marchés de la beauté des légumes apportés par les jardiniers maraîchers; ils les doivent *surtout* à des arrosements très fréquents.

Arrosez donc.

Les engrais chimiques. — Indépendamment des engrais naturels faits avec les débris de plantes, des sarclages, de la suie et du fumier de vache ou d'autres animaux, on se sert maintenant d'engrais chimiques qui sont d'un prix relativement peu élevé et rendent ajoutés aux engrais ci-dessus beaucoup de services; il existe quantité d'engrais chimiques, mais les meilleurs parmi tous ces engrais autour desquels on fait beaucoup de réclame ce sont les scories de déphosphoration Thomas et Gilchrist. Cet engrais qui a pris une grande extension dans les herbages renommés d'Angleterre et de Hollande, donne des résultats brillants dans toutes espèces de cultures; les jardins maraîchers eux-mêmes se trouvent fort bien de l'emploi des scories de déphosphoration à la dose de 2 à 3,000 kilogrammes par hectare tous les cinq ou six ans.

On complète en ajoutant du nitrate de potasse ou du nitrate de soude, ce dernier employé parfois en arrosages.

D'ailleurs, voici la composition des scories de déphosphoration, ce qui permettra aux amateurs qui voudraient s'en servir de se rendre compte de la composition de cet engrais :

15 à 22 °/₀ d'acide phosphorique.
45 à 55 °/₀ de chaux.
3 à 5 °/₀ de magnésie.
10 à 11 °/₀ d'acide silicique.
4 à 8 °/₀ d'oxyde de fer, manganèse, etc.

L'acide phosphorique des scories de déphosphoration est entièrement soluble au citrate d'ammoniaque, ce qui rend leur emploi particulièrement facile et avantageux, l'acide phosphorique dosé pouvant être utilement employé pour les besoins de la plante.

TABLEAU INDIQUANT

1° Les noms des espèces et variétés de légumes conseillées ; — 2° les époques de semis ; — 3° les semis en pépinière ; — 4° les semis sur place ; — 5° la somme de jours nécessaires à chaque légume depuis le semis jusqu'à son développement complet ; — 6° les quantités de graines nécessaires à une petite famille ; — 7° la vitalité de chaque espèce de graine.

NOM DU LÉGUME	ÉPOQUE DU SEMIS	SEMIS en pépinière	SEMIS sur place	SOMME DE JOURS nécessaires à chaque légume depuis le semis jusqu'à SON DÉVELOPPEMENT COMPLET	Quantité de graines nécessaires à une petite famille	VITALITÉ des graines
					gram.	ans.
Artichaut gros vert de Laon.........	Œilletonnage vers le 15 avril..................	Non.	Planté Oui.	Depuis la pousse, 60 à 70 jours.	0	0
Asperge hâtive Louis Lhérault........	Plantez griffes du 15 mars au 15 avril............	Non.	Planté Oui.	Ne peut s'estimer, parce que la végétation est d'abord souterraine....................	0	0
* Betterave rouge grosse à salade....	Du 15 avril au 15 mai.....	Oui.	Oui.	180 jours jusqu'à parfaite grosseur, mais peut se consommer au bout de 160 jours........	30	5
Carotte courte hâtive de Hollande....	Mars dès que le temps le permet jusq. 1er avril....	Non.	Oui.	90 jours si la végétation marche bien......................	15	4
* — demi-longue obtuse.........	Tout le mois d'avril.......	Non.	Oui.	120 jours.....................	30	4
— rouge longue d'Altringham...	Idem...............	Non.	Oui.	150 jours jusqu'à parfaite grosseur.....................	30	4
Cardon plein inerme...............	Du 20 avril au 10 mai.....	Oui.	Oui.	5 mois (183 jours)............	20	7
* Céleri plein blanc................	Du 1er au 20 mai.........	Oui.	Non.	150 jours.....................	15	7

NOM DU LÉGUME	EPOQUE DU SEMIS	SEMIS en pépinière	SEMIS sur place	SOMME DE JOURS nécessaires à chaque légume depuis le semis jusqu'à SON DÉVELOPPEMENT COMPLET	Quantité de graines nécessaires à une petite famille	VITALITÉ des graines
					gram.	ans.
Céleri rave d'Erfurt	Du 1er au 20 mai	Oui.	Non.	150 jours	15	7
Cerfeuil commun	Depuis avril ju q. juillet	Non.	Oui.	50 jours	15	2
Chicon (*voir* Romaine)	...	...	...	...	...	...
* Chicorée frisée de Meaux	1er juin au 15 juillet	Oui.	Non.	80 jours	15	8
* — sauvage améliorée	Tout avril	Oui.	Oui.	60 jours l'année suivante, à partir du premier travail de la sève.	15	8
Chou : 1° pommé blanc ou cabus	...	...	...	...	...	...
* — Cœur de Bœuf (gros)	15 août au 15 septembre	Oui.	Non.	105 jours l'année suivante, à partir du premier travail de la sève	5	5
* — de Saint-Denis	Tout avril	Oui.	Non.	150 jours à partir du semis	5	5
— de Vaugirard	Du 15 mai au 1er juin	Oui.	Non.	A consommer de la fin de l'hiver jusqu'en avril	5	5
— Joanet ou Nantais très hâtif	Du 1er au 15 mars, abrité	Oui.	Non.	100 jours à partir du semis	5	5
* de Poméranie	Tout avril	Oui.	Non.	140 jours y compris le semis	5	5
— d'Yorck, petit, très hâtif	Du 1er au 15 septembre	Oui.	Non.	90 jours au printemps suivant, à partir du premier travail de la sève	5	5
Chou : 2° de Milan ou pommé frisé	...	...	...	...	...	...
* — Milan court hâtif	Du 15 mars au 1er mai	Oui.	Non.	120 jours y compris le semis	5	5
— — gros des Vertus	Du 1er avril au 1er mai	Oui.	Non.	150 jours id.	5	5
* — — de Pontoise	Idem	Oui.	Non.	150 jours id.	5	5
Chou de Bruxelles	Tout le mois d'avril	Oui.	Non.	7 mois y comp. le semis, 214 jours		
Chou-fleur Lenormand dur, à pied court	1re quinzaine de juin	Oui.	Non.	Les premières têtes, 107 jours y compris le semis	5	5

* Chou-navet blanc (en terre)	Du 15 mai au 15 juin	Oui.	Non.	120 jours y compris le semis	5	5
Concombre cornichon vert petit de Paris	Du 10 au 25 mai	Oui.	Oui.	Bons à cueillir 90 jours y compris le semis	5	5
Courge à la moëlle	Du 20 au 30 mai, après toute gelée	Oui.	Oui.	90 jours à partir du semis (le fruit se mange à moitié de sa grosseur)	10	5
— de l'Ohio	Idem	Oui.	Oui.	120 jours jusqu'à maturité du fruit	10	5
Épinard de Hollande	Du 15 août au 15 septemb.	Non.	Oui.	40 jours à partir du semis	60	5
Fève de marais grosse ordinaire	Au printemps dès que le temps le permet	Non.	Oui.	135 jours en grains verts, 170 jours en grains secs	1 litre.	6
Haricot : 1° à rames à parchemin	...	...	...	...	...	...
— de Soissons blanc	Du 20 mai au 1er juin	Non.	Oui.	90 jours en grains verts, 140 jours en grains secs	1/2 l.	2 à 3
— 2° à rames sans parchemin (Mange-tout)	...	...	...	...	...	...
* — d'Alger ou Haricot beurre	Du 20 mai au 1er juin	Non.	Oui.	100 jours gousse et grains verts, 140 en grains secs	1/2 l.	2 à 3
— de Prague marbré	Idem	Non.	Oui.	Idem		
— 3° nains à parchemin	...	...	...	...	...	...
* — Bagnolet (Haricot suisse)	Commencement de mai, à bonne exposition, et jusqu'au 1er juillet	Non.	Oui.	60 jours à partir du semis pour récolter des haricots verts	1 litre.	2 à 3
— Flageolet blanc nain	Du 15 mai au 15 juin	Non.	Oui.	60 jours à partir du semis pour récolter grains verts, 100 jours grains secs	Id.	Id.
— noir hâtif de Belgique	Commencement de mai, à bonne exposition, et jusqu'au 15 juin	Non.	Oui.	60 jours à partir du semis, pour récolter des haricots verts	Id.	Id.
* Laitue Gotte lente à monter	Du 1er au 15 mars, et abriter	Oui.	Non.	60 jours y compris le semis	10	5
* — grosse brune paresseuse (grise maraîchère)	Du 15 mars au 15 juin	Oui.	Non.	70 jours id.	10	5
* — Palatine ou rousse	Du 1er mars au 15 juin	Oui.	Non.	Idem	10	5

NOM DU LÉGUME	ÉPOQUE DU SEMIS	SEMIS en pépinière	SEMIS sur place	SOMME DE JOURS nécessaires à chaque légume depuis le semis jusqu'à SON DÉVELOPPEMENT COMPLET	Quantité de graines nécessaires à une petite famille	VITALITÉ des graines
					gram.	ans.
Laitue brune d'hiver	Du 15 au 30 août	Oui.	Non.	60 jours au printemps suivant, à partir du premier mouvement de la sève	10	5
— de Passion (Morine)	Idem	Oui.	Non.	Idem	10	5
* Mâche à feuilles rondes	Du 1er août au 15 septemb.	Non.	Oui.	60 jours à partir du semis	30	5
Melon (1).						
Navet blanc plat hâtif à feuilles entières	Du 1er mai (vieille graine) au 1er juillet	Non.	Oui.	60 jours y compris le semis	20	5
— rose du Palatinat	Du 1er juin au 1er août	Non.	Oui.	Idem	20	5
* — des Vertus (race Marteau)	Idem	Non.	Oui.	Idem	20	5
* — d'Auvergne (Rave d'Auverg.).	Du 15 juin au 1er août	Non.	Oui.	90 jours y compris le semis	30	5
Ognon blanc hâtif de Paris	Du 15 au 25 août	Non.	Oui.	90 jours au printemps suivant, à partir du premier mouvement de la sève	20	2 à 3
* — paille ou jaune des Vertus	Du 1er mars au 1er mai	Oui.	Oui.	160 jours y compris le semis	20	Id.
— rouge pâle ordinaire	Idem	Oui.	Oui.	Idem	20	Id.
* Oseille large de Belleville	Du 1er avril au 1er mai	Oui.	Oui.	120 jours y compris le semis	15	2
* Panais long et rond	Du 15 avril au 15 mai	Non.	Oui.	......	28	1
* Persil commun	Tout mars	Non.	Oui.	60 jours après le semis, on peut commencer à en cueillir	15	3
* Pissenlit à larges feuilles (amélioré).	Du 1er mai au 1er juillet	Oui.	Oui.	40 jours au printemps suivant, à partir du premier mouvement de la sève	30	1
* Poireau très gros court de Rouen	Au printemps dès que le temps le permet	Oui.	Non.	180 jours y compris le semis	15	2
Poirée à carte blanche	Du 15 avril au 15 mai	Oui.	Oui.	130 jours à partir du semis	20	5

(1) J'en ai écrit la culture dans un traité spécial.

NOM DU LÉGUME	ÉPOQUE DU SEMIS	SEMIS en pépinière	SEMIS sur place	SOMME DE JOURS	Quantité	VITALITÉ
* Pois Michaux ordinaire de Paris (Pois de Sainte-Catherine.)	Fin de février, mars jusqu'au 15 avril	Non.	Oui.	100 jours à partir du premier semis pour obtenir des pois verts (petits pois) 130 jours pour grains secs	1 litre.	4 à 5
* — d'Auvergne (Serpette)	Idem, jusqu'au 15 mai	Non.	Oui.	115 jours à partir du premier semis pour obtenir des pois verts (petits pois) 145 jours pour grains secs	Id.	Id.
* — ridé de Knight sucré	Idem, jusqu'au 1er juin	Non.	Oui.	120 jours à partir du premier semis (pois verts) 150 jours pour grains secs	Id.	Id.
* Pomme de terre Chave (Shaw des Anglais)	Fin de février et tout mars.	Non.	Oui. Plantée	130 jours à partir de la plantation	Id.	Id.
* — Marjolin (Kidney des Anglais)	Idem	Non.	Oui, id.	90 jours, id	Id.	Id.
* — Xavier	Idem	Non.	Oui, id.	160 jours, id	Id.	Id.
— jaune longue de Hollande	Idem	Non.	Oui, id.	180 jours, id	Id.	Id.
— Vitelotte	Idem	Non.	Oui, id.	180 jours. id	Id.	Id.
Potiron vert d'Espagne	Du 15 au 30 mai	Non.	Oui.	130 jours fruit bon à récolter	Id.	Id.
* Radis jaune d'été	Du 15 mai au 1er juillet	Non.	Oui.	60 jours y compris le semis	30	5
* — noir gros d'hiver	Du 15 mai au 15 juin	Non.	Oui.	110 jours, id	30	5
* — rond rose hâtif	Au printemps dès que le temps le permet et jusqu'en mai	Non.	Oui.	40 jours au moins avec la culture en plein air	30	5
* Romaine blonde maraîchère	Du 1er avril au 1er juillet.	Oui	Non.	75 jours y compris le semis	15	5
* — verte maraîchère	Au printemps dès que le temps le permet, jusqu'au 1er avril	Oui.	Non	Idem	5	5
Salsifis blanc	Du 15 mars à la fin d'avril	Non.	Oui.	190 jours y compris le semis	30	1
* Scarolle blonde maraîchère	Du 1er juin au 1er juillet.	Oui.	Non.	75 jours. id	10	8
— ronde verte maraîchère	Du 1er juin au 1er août.	Oui.	Non.	Idem	15	8
Tomate rouge grosse hâtive	Du 10 au 15 mars, avec semis abrité	Oui.	Non.	130 jours y compris le semis	5	5

Observations. — J'ai mis tous mes soins à la composition de cette liste. Elle ne renferme que de très bonnes variétés éprouvées qui suffiront du reste à votre usage. Les personnes qui seront obligées de restreindre leur culture, faute de temps ou d'espace, pourront se contenter des légumes désignés sur cette liste par un astérisque (*).

J'ai retranché de cette liste : 1° les espèces suivantes d'un emploi presque nul (du moins dans la région qui m'occupe) : *Angélique, Aubergine, Chervis, Chou brocoli, Crambé, Fenouil, Igname, Oxalis, Pois chiche, Pourpier, Raiponce, Rhubarbe, Scolyme, Tétragone, Topinambour;* 2° les plantes à assaisonnement réunies toutes en un chapitre à part, à la fin de ce petit traité. En voici les noms : *Ail ordinaire, Arroche des jardins blonde, Capucine naine, Cresson alénois, Echalotte grosse, Estragon, Piment, Raifort sauvage, Sariette des jardins, Sauge officinale, Thym commun.*

Je le répète, les époques de semis que je recommande ne sont pas exactement conformes à celles des jardiniers de profession. M'adressant aux gens de la campagne, aux ouvriers, j'ai dû leur conseiller d'éviter les semis trop hâtés et trop retardés.

Je vais maintenant reprendre en sous-œuvre le tableau des légumes, et, afin de simplifier autant que possible votre travail, vous trouverez distribuées par petits lots, *dans chaque quinzaine*, les sortes de légumes qui doivent être semées vers le même temps. Chaque quinzaine renferme les listes des légumes dont le semis doit être fait pour la première fois ou continué, soit en pépinière, soit sur place ; puis des observations sur la culture, et dans chaque mois, le dénombrement des légumes à livrer à la consommation.

J'ai sous-entendu les grains *secs* alimentaires de la famille des légumineuses : *Fève, Haricot, Lentille* et *Pois*, qui peuvent se manger l'année entière.

Avant d'entrer en matière, j'ai quelques explications à donner :

1° Si vous avez lu attentivement la première partie de mes *Conseils*, vous aurez commencé à comprendre qu'il peut y avoir profit pour vous d'acheter chaque année vos graines chez des marchands grainiers recommandables, afin de les avoir toujours bonnes et pures de tout alliage. Je vous recommande de nommer dans votre demande les sortes que vous désirez, *selon la désignation que j'en ai faite*. Voulez-vous, par exemple, des Radis? spécifiez si c'est le *Radis rond violet hâtif*, ou le *jaune d'été*, ou le *noir gros d'hiver*, ou tous les trois. Des Choux de Milan? lequel? le *Milan gros des Vertus*, ou le *Milan court hâtif*, ou le *Milan de Pontoise?* Ou deux ou trois? N'attendez pas le dernier moment pour faire votre provision. Il faut penser à ses graines à l'avance, être prévoyant; il faut les avoir sous la main quand l'époque est arrivée de les semer. *Certains semis par trop différés font manquer une culture.*

2° J'ai dû assigner des dates précises aux semis faits pour la première et la dernière fois.

Les uns s'exécutent dans l'espace seulement de quelques jours, d'autres pendant une ou deux, ou trois, ou quatre quinzaines, et même au delà, selon la variété du légume.

Quand j'indique un semis dans une *seule* quinzaine, vous avez quinze jours pour le faire; si le semis d'une sorte de légume peut être renouvelé une deuxième, une troisième, une quatrième fois, c'est-à-dire, dans deux, trois et quatre quinzaines, ce que j'indique partout sous ce titre : *Semis continués;* si donc il peut être renouvelé, libre à vous de le répéter plus ou moins. Votre guide sera le temps, l'étendue du terrain dont vous pouvez disposer, et votre désir de prolonger la durée de la consommation en vert de ce légume.

Un exemple fourni par le Pois (petit pois), du goût de tout le monde et d'une culture générale, rendra ma pensée plus claire. Si les *Pois Michaux, d'Auvergne, ridé de Knight*, sont semés tous trois fin de février, le premier jusqu'au 15 avril, le deuxième jusqu'au 15 mai, le troisième jusqu'au 1er juin, vous pouvez — je suppose une année par trop sèche — consommer des petits pois presque sans interruption, de l'une ou l'autre de ces trois variétés, depuis la fin mai jusqu'à la mi-octobre, c'est-à-dire pendant quatre mois et demi.

Mode de conservation des légumes d'hiver. — On

les conserve de plusieurs façons : en cave, en cellier, en chambre; enterrés dans de petites fosses à même le jardin; sur terre, dans le jardin, avec couverture de feuilles, litière ou fougères sèches, en jauge.

Liste des légumes qui demandent à être protégés plus ou moins des rigueurs de l'hiver

Betterave.
Cardon.
Carotte.
Céleri plein blanc.
Celeri rave.
Chicorée.
Choux.
Chou-navet.
Chou-fleur.
Epinard.
Navet.
Persil.
Poirée.
Pomme de terre.
Potiron.
Scarolle.
Radis noir.
Plants de choux et de Laitues.

Conservation en cave même peu éclairée. — *Betteraves, Carottes, Cardons, Pommes de terre,* qui s'y conservent bien.

Vous y placez quelquefois du *Céleri plein, Chicorée, Scarolle,* des *Choux pommés.* Je ne nie pas que vous ne puissiez conserver ainsi tout l'hiver des choux et du céleri; mais ces choux blanchissent trop, et perdent de leur qualité; le céleri se durcit. Quant aux chicorées et scarolles, passé le mois de décembre, elles finissent par pourrir faute d'air et de lumière.

Je trouve donc préférable de placer ces trois derniers légumes dans un bas cellier, si vous en avez un à votre disposition.

En *cellier bas, assez éclairé et où il gèle peu.* — Convenable pour *Cardon, Céleri plein, Chicorée* et *Scarolles,* les racines enfoncées dans du sable; *Choux-fleurs* et *Choux pommés* pendus au plancher la tête en bas.

En *chambre sèche où il ne gèle pas.* — Convient au *Potiron, Courge,* aux *Ognons.*

Au fond de petites rigoles creusées à bonne exposition dans le jardin. — Racines de *Betterave, Carotte, Céleri-rave, Chou-rave, Chou-navet, Navet, Radis noir,* dressées la tête en bas et près les unes des autres au fond de la rigole, recouvertes d'une épaisseur de 30 centimètres de terre légère formant dos d'âne.

Sur place dans le jardin avec ouverture. — Les légumes suivants : *Céleri-rave, Chicorée, Scarolle, Épinard, Persil, Poirée,* à la place même où ils ont été semés ou plantés, ainsi que les plants de *Choux d'York* et *Cœur-de-Bœuf* gros, *Laitue de Passion* d'hiver qui ont été piqués en pépinière. On répand sur les planches de la paille ou de la longue litière, ou des feuilles ou des fougères, tout ce qu'on a sous la main et qui peut abriter. Cette couverture sera enlevée par les temps doux, pluvieux, et remise quand le froid reviendra.

Quant au *Céleri plein blanc,* il faudra le butter. Pour cela on fait glisser de la terre meuble entre les pieds qui ont été liés préalablement, et jusqu'au sommet des feuilles; maintenir un talus solide sur les côtés de la planche, pour que les pieds de céleri qui se trouvent sur les bords ne soient pas exposés à être découverts. S'il survient un froid très vif, répandre au-dessus de la butte de la litière (fumier long), ou fougères, ou feuilles.

En jauge. — Souvent, vous laissez vos choux pommés passer l'hiver sur place sans les garantir du froid, et il vous arrive de les perdre D'autres fois, vous renversez les têtes d'après deux procédés, l'un mauvais, — l'autre bon. — Le mauvais est de tourner la pomme du côté du midi; soumise ainsi à l'influence alternative de la gelée et du dégel, son tissu se désorganise, et elle finit par pourrir. — Le bon procédé, c'est de tourner la pomme en plein nord, où, le dégel arrivant sans soleil, elle n'en souffre nullement. Enterrez toute la tige.

Il est un moyen encore plus sûr : c'est de creuser une rigole de la longueur et largeur d'un fer de bêche, *dirigée de l'est à l'ouest;* déplanter les pieds de choux, les placer couchés à quelques centimètres les uns des autres, les têtes au-dessus de la rigole, en regardant le nord; enterrer les tiges de toute leur longueur. Ouvrir une deuxième rigole près de la première s'il est nécessaire; couvrir avec de la litière dans les grands froids *seulement.*

On peut mettre aussi en jauge : pieds de *chicorée et sca-*

rolle, qu'on déplante avec une petite motte de terre aux racines. On les replante les unes contre les autres, évitant d'enterrer le collet. C'est le moyen de réunir un grand nombre de pieds sur un petit espace et de couvrir avec plus d'économie. Il va sans dire qu'on répand de la litière sur ces salades par les temps froids.

Ceci dit, je vais vous entretenir des opérations de la culture.

Céleri-Rave.

DEUXIÈME PARTIE

LA CULTURE DES LÉGUMES DISTRIBUÉE PAR QUINZAINE

JANVIER. — PREMIÈRE QUINZAINE

Aucun semis.

JANVIER. — SECONDE QUINZAINE

Aucun semis.

Légumes à consommer dans le mois de janvier

Betterave rouge grosse à salade.
Cardon plein inerme.
Carotte demi-longue obtuse.
— rouge longue d'Altringham.
Céleri plein blanc.
Céleri-rave hâtif d'Erfurt.
Chicorée frisée de Meaux.
Chou de Bruxelles.
— cabus de Saint-Denis.
— de Vaugirard.
— Milan de Pontoise.
— — gros des Vertus.
Chou-fleur Lenormand à pied court.
Courge de l'Ohio.
Epinard de Hollande.
Mâche à feuilles rondes.
Navet rond de Croissy.
— rose du Palatinat.
— des Vertus (race Marteau).
— d'Auvergne (race d'A.).
Ognon jaune des Vertus.
— rouge pâle.
Oseille large de Belleville.
Panais long et rond.
Persil commun.
Poireau très gros court de Rouen.
Pomme de terre jaune de Hollande.
Pomme de terre Vitelotte.
Potiron vert d'Espagne.
Salsifis blanc.
Scarolle blonde maraîchère.

Poireau très gros de Rouen.

FÉVRIER. — PREMIÈRE QUINZAINE

Aucun semis.

FÉVRIER. — SECONDE QUINZAINE, SI LE TEMPS LE PERMET

1° Semis en pépinière, *faits pour la première fois* :

Laitue Gotte lente à monter et abriter.
Laitue Palatine ou rousse.
Poireau très court de Rouen.
Romaine verte maraîchère et abriter.

Observations. — N'oubliez pas que cette première pépinière doit être faite dans la partie la plus chaude de votre jardin.

Si vous ne pouvez pas adosser contre un mur, au midi, la planche de terre destinée à ces semis-là, abritez cette planche par des paillassons fixes faits en *genêt*, en *roseau*, ou en *paille*. Un demi-mètre de surface, c'est tout ce qu'il faut à chacune des sortes de légumes indiquées. Voyez, du reste, ce qui a été dit *première partie*, § 7, sur la place qui doit être réservée à ces premiers semis; et comme il serait trop long d'indiquer pour chaque légume la manière de le semer, j'ai réuni § 8 toutes les conditions pour qu'un semis réussisse; je vous y renvoie, également aux §§ 9 et 10 qui traitent du *terreau* et du *terreautage*.

Les *Laitues*, la *Romaine verte*, semées du 20 au 28 février, devront être de force à être piquées en place cinq à six semaines après, c'est-à-dire, du 29 mars au 5 avril.

2° Semis sur place, *faits pour la première fois* :

Fève de marais grosse ordinaire.
Pois Michaux ordinaire de Paris.
— d'Auvergne (serpette).
Pois ridé de Knight sucré.
Pomme de terre Marjolin, plantée.
— Chave (Shaw des Anglais), plantée.

Pomme de terre jaune longue de Hollande, plantée.
Pomme de terre Vitelotte, plantée.
Pomme de terre Xavier, plantée.
Radis rond rose, hâtif.

Observations. — J'insiste pour vous faire cultiver et planter dès maintenant les premières pommes de terre *Marjolin* (marjolaine, quarantaine, Kydnez des Anglais), *la plus précoce de toutes les variétés connues*, de forme allongée et aplatie ; ses yeux sont rares ; chair jaune et excellente ; assez fertile dans les terres douces et de bonne qualité, peu productive et médiocre dans les terres fortes.

Elle commence à se répandre dans les villages ; il faudrait qu'elle le fût dans *tous*. Elle fournit à la consommation quatre-vingt-dix jours à partir de la plantation. Quelle ressource dans les petits ménages ! Plusieurs m'ont dit : « *C'est une variété de luxe, bonne pour les riches.* » C'est vrai, la Marjolin n'est pas très productive ; aussi je ne vous conseille pas d'en planter un grand carré. Plantez-en à bonne exposition une petite planche, à 35 centimètres de distance en tous sens, dans cette quinzaine, et dès la fin de mai, commencement de juin, vous pourrez en récolter. Cette récolte vous mènera jusqu'à la mi-juillet, époque où la pomme de terre *Chave* lui succédera. Une prolongation de l'hiver, certaines années, vous obligera à reporter la plantation de la Marjolin à la première quinzaine de mars, mais n'oubliez pas qu'il y a avantage à faire cette plantation le plus tôt possible. Comme les gelées sont à redouter, dans certaines localités du climat de Paris, jusqu'à la fin de mai, il sera nécessaire de préserver les jeunes bourgeons de la Marjolin avec de la grande litière.

La *Pomme de terre Chave* (Shaw des Anglais) passe à juste titre pour une variété des meilleures et des plus productives de la race dite de *Saint-Jean*. Depuis nombre d'années, je l'ai introduite dans mes cultures, d'où elle s'est répandue dans le village de Chaltrait (Marne), que j'habite, et puis dans les villages environnants. Elle est arrondie, grosse, à chair jaune, et commence à mûrir dès la fin de juin. Elle succédera immédiatement à la pomme de terre Marjolin et pourra être consommée jusqu'en octobre, époque où la *longue jaune de Hollande* la remplacera.

Achetez-en 2 litres dont vous réserverez le produit pour la plantation de l'année suivante. Plantez en plein jardin ou dans un champ à la distance de 50 centimètres en tous sens, et de 60 si la terre et très bonne.

La *longue jaune de Hollande* dont je viens de parler, et que vous plantez aussi maintenant, est peut-être la meilleure variété pour la table. Tubercule allongé, aplati : peau jaune et lisse, chair jaunâtre, très farineuse. — Elle est très productive.

Si je vous ai indiqué la *Xavier,* je ne veux pas prétendre qu'elle soit précisément de première valeur, mais parce qu'elle est une des dernières à pousser au printemps dans les caves et celliers. A cette époque (mars, avril), quand les autres variétés, épuisées par leurs nombreuses pousses, ont perdu de leur qualité alimentaire, celle-ci commence seulement à végéter. Elle est d'un bon rapport, belle et bonne, de forme allongée, assez plate ; sa peau est rose, sa chair jaunâtre. Plantez-la à 50 ou 60 centimètres de distance, d'autant plus écartée que le sol est meilleur.

Il me reste à vous parler de la *Vitelotte ;* c'est elle qui est employée par tous les restaurateurs de Paris. Elle est recherchée pour les ragoûts, parce que sa chair est cohérente ; elle ne se désagrège pas (défait pas) à la cuisson. — Tubercule très allongé, aplati ; yeux nombreux sous des rides très saillantes, ce qui aide facilement à la faire reconnaître ; peau rose clair, chair blanc verdâtre. Productive et recommandable par la qualité particulière de sa chair.

Le rôle important occupé par la Pomme de terre dans l'alimentation, surtout dans les campagnes, justifie les détails dans lesquels je suis entré.

Les Pois. — On peut commencer déjà, si le temps est

favorable, les premiers semis de Pois sur place, en planche, dans les carrés. Semez en même temps trois planches de Pois, une de chaque variété de ma liste. Vous récolterez d'abord le *Michaux*, puis l'*Auvergne* et enfin le *ridé de Knigt*, qui est le plus tardif. Si vous laissez un intervalle d'une planche vide (pour le moment, mais que vous occuperez plus tard) entre vos planches de Pois, vous êtes assuré d'une récolte plus abondante. J'ai appris cela de M. Joigneaux, en lisant son *Traité de culture potagère* pour la Belgique et le nord de la France.

Les Pois (petits pois) sont répandus dans tous vos jardins, mais les variétés que vous avez sont trop souvent mêlées, dégénérées. Il faut remédier à cela, et vous procurer des semences pures de ces trois variétés que je recommande. Achetez-en très peu de chacune si vous le préférez, mais semez chaque sorte séparément sur des bouts de planches ; étiquetez et laissez-en venir *tous* les grains à maturité. La récolte faite, égrainez aussitôt, crainte d'erreur, chaque variété séparément, et mettez-la dans un sac avec une étiquette cousue portant son nom.

Votre provision sera suffisante pour vous permettre l'année d'après de faire plusieurs semis successifs et de récolter après votre cueille en grains verts (petits pois) assez de semence pour l'avenir.

Vous direz probablement que vos jardins sont la plupart trop petits pour y cultiver les *Pois* de plusieurs variétés, des *Fèves*, puis des *Haricots à rames*, des *Choux* à grosses pommes, dont il sera parlé dans la suite ; — que vous semez ou plantez ces légumes dans les champs, quand cette ressource vous est possible : — mais peu importe, c'est toujours du jardinage ; le champ devient alors une succursale du jardin.

Choix et préparation du terrain destiné à une plantation d'asperges, d'après les procédés de M. Lhérault.

1° *Choix et préparation du terrain.* — Le terrain destiné à une *aspergerie* devra, autant que possible, ne recevoir aucun ombrage. Une terre franche, sablonneuse, ne renfermant ni pierres ni racines, donnera d'excellents résultats. Une terre trop calcaire, argileuse ou marécageuse convient peu. Le terrain étant choisi, étendre à sa surface du bon fumier consumé, cheval, mouton (1 mètre cube par are), puis l'enterrer par un labour profond de 40 centimètres. Le marc de raisin, la boue des villes, constituent également un bon engrais. Le défonçage aura été fait à l'entrée de l'hiver (d'octobre en décembre), et on le laissera ainsi en repos jusqu'en février, mars suivant. Si cependant, cette opération n'avait pu s'effectuer avant l'hiver, on pourrait la faire au printemps, quinze jours au moins avant la plantation.

Dans cette quinzaine de février, ou en mars ou en avril, on disposera le terrain en *ados* et *tranchées* alternés. Avec deux cordeaux tendus de préférence au nord et au midi, on tracera deux lignes espacées de 35 centimètres, destinées à l'emplacement d'un premier *demi-ados*. Ce demi-ados, de forme conique, qui aura 15 centimètres de hauteur, sera fait avec une binette, une bêche, etc.; de sa base intérieure, on réservera une distance de 60 centimètres, espace nécessaire pour l'établissement du premier *fond* ou *tranchée;* — la terre qu'on retirera pour faire cette tranchée (environ 8 à 10 centimètres) servira à former l'ados. Bien égaliser, niveler le fond. — Le deuxième *ados* qui vient après sera *complet;* il devra avoir, à partir de l'autre bord de la *tranchée*, une largeur de 70 centimètres à sa base, 8 ou 10 centimètres de terre retirée de la tranchée, puis le troisième ados entier, et ainsi de suite, jusqu'à ce que tout le terrain ait subi le même travail. Ainsi, le premier demi-ados aura une largeur de 35 centimètres sur une hauteur de 15 centimètres, et la première tranchée une largeur de 60 centimètres sur une profondeur de 10 à 12 centimètres. — Le deuxième ados entier, une largeur de 70 centimètres sur une hauteur de 60 centimètres, etc.

Les ados ne sont que des amas de terre destinée à recouvrir chaque année, au printemps, les *griffes* d'asperges.

La plantation devant avoir lieu à partir de la mi-carême, je renvoie aux *observations* de la seconde quinzaine de mars.

Le *Radis rose hâtif* doit être semé à cette saison dans la planche abritée dont j'ai parlé § 7. Si vous n'avez pas d'abri, n'en semez pas encore; ce serait du temps et de la graine perdus.

Légumes à consommer dans le mois de février

Toute la liste du mois de janvier.

Tomate rouge grosse hâtive.

MARS. — PREMIÈRE QUINZAINE

1° **Semis en pépinière,** *faits pour la première fois* :

Chou Joanet ou Nantais, très hâtif. Abriter.
Laitue Gotte, lente à monter. jusqu'au 15. Abriter.
— Palatine ou rousse.
Poireau très gros, court, de Rouen (*Voir fig. page 30.*)
Romaine verte maraîchère.
Tomate rouge, grosse, hâtive, du 10 au 15, avec abri.

Observations. — Si, ayant été empêché par des temps contraires (ce qui arrive deux années sur trois), vous n'avez pu semer en février, vous sèmerez maintenant toujours à la même exposition.

Il n'y a pas très longtemps qu'on parle du *Chou Joanet*, je vous le recommande. Sa pomme, à peu près ronde, un peu aplatie sur le sommet, est très basse et assez petite. Il est extrêmement précoce et de bonne qualité. Si vous le semez au commencement du mois, il devra être piqué en pépinière vers le 15 avril.

Je vous recommande expressément de semer la *Tomate* pas plus tard que le 15. Si vous n'avez pas de châssis, prenez un pot de fleur ou une petite caisse en bois trouée au fond, remplissez de terreau ou terre fine, tassez un peu, répandez à la volée une pincée de graines, recouvrez d'une épaisseur de terreau de 14 millimètres, en laissant déborder d'un centimètre les parois du vase ou de la caisse au-dessus de la terre; déposez sur une fenêtre en plein midi; arrosez un peu si la terre sèche trop. — Les graines levées, ne conservez que le nombre de plants nécessaires. Voilà toute la besogne jusqu'au 15 avril. — Alors piquez à bonne exposition, à la distance de 15 centimètres, en pépinière, les quelques plants de Tomates à votre usage, terreautez un peu, abritez la nuit si par hasard une petite gelée était à craindre; car à 0° la Tomate gèle. Quand le plant aura 20 centimètres de hauteur, du 15 au 20 mai, l'enlever en motte et le mettre en place en plein soleil, car cette espèce réclame beaucoup de chaleur. Espacer de 1 mètre, ne laisser développer que trois rameaux par pied, les assujettir à un tuteur sans trop les serrer. (*Voir fig. page* 36.) Dès que les *bouquets* de fleurs se montreront, il sera très important de retrancher une partie des *pousses* développées sur les trois rameaux, et aussi quelques feuilles qui empêchent l'air et la lumière de circuler. Quand les rameaux auront atteint 80 centimètres de hauteur, avoir soin d'en épointer les sommets.

Je sais fort bien que les pieds de Tomate abandonnés à eux-mêmes finissent par porter fruit, beaucoup même; mais en vous conformant à mes prescriptions, vous avancerez le produit de plus d'un mois, et presque tous les fruits mûriront. N'arrosez que dans les fortes sécheresses, et pas avant qu'un assez grand nombre de fruits soient parvenus à moitié de leur grosseur. Vous devez pouvoir récolter les Tomates mûres de la fin de juillet aux gelées d'automne.

2° **Semis sur place.** — *A. Faits pour la première fois* :

Carotte courte hâtive de Hollande.
Fève de marais, grosse ordinre.
Laitue Gotte, lente à monter,
— Palatine ou rousse.
Ognon jaune des Vertus.
— rouge pâle, ordinaire.
Persil commun et nain frisé.
Pois Michaux ordinaire.
— d'Auvergne (serpette).
Pois ridé de Knight sucré.
Pomme de terre Marjolin, plantée.
— Chave (Shaw des Anglais), plantée.
— jaune longue de Hollande, plantée.
— Vitelotte, id.
— Xavier, id.
Radis rond rose, hâtif.

Observations. — Si le temps est convenable, la *Carotte courte hâtive de Hollande* sera semée sur un bout de planche bien abritée, et c'est encore trop tôt dans certains terrains pour être sûr de réussir — Vous n'avez jamais probablement essayé de cette Carotte *courte*, si *courte* qu'elle atteint à peine 10 centimètres de long sur 4 environ de diamètre. Si la végétation marche bien, elle aura atteint tout son volume quatre-vingt-dix jours à partir du semis. — Les *Fèves*, les *Ognons*, les *Pois* semés en planche, le *Persil* en bordure au fond d'un petit sillon, les *Radis* roses, les *Laitues Gotte* et *Palatine*, la *Romaine verte maraîchère*, très clair-semés dans les Carottes et les Ognons. Les Radis seront récoltés et les plants de Salade enlevés quand les Carottes et les Ognons commenceront seulement à grandir. Il n'y a pas d'inconvénients à laisser pommer les quelques Laitues ou Romaines dans les planches de Carottes et d'Ognons.

Manière de planter les griffes d'Asperges

D'après M. Lenormand, maraîcher.

MARS. — SECONDE QUINZAINE

1° **Semis en pépinière.** — *A. Faits pour la première fois :*

Chou Milan, court, hâtif.

Observations. — Ne négligez pas le *Chou de Milan court hâtif*, très tendre et très bon. Sa pomme serrée est petite, il est vrai, mais elle vous offrira le précieux avantage de succéder au *Chou cœur de bœuf gros*, dont la consommation est terminée à la fin de juillet. Vous devez savoir que les gros légumes sont généralement tardifs ; et si vous repoussez toujours les variétés les plus hâtives par la seule raison qu'elles offrent *peu à mordre*, ce serait fort mal comprendre vos intérêts. Repiquez ce plant premiers jours de mai, en planche, à 35 ou 40 centimètres d'intervalle.

B. Semis continués

Laitue Palatine ou rousse.
— grise maraîchère.
Poireau gros court, de Rouen.
Romaine verte maraîchère.

Observations. — Assez souvent dans les terres humides est-on obligé de commencer seulement vers la mi-mars les semis de ces légumes-là, et quand même on aurait une exposition abritée.

2° **Semis sur place.** — *A. Faits pour la première fois :*

Asperge hâtive d'Argenteuil, plantée.
Salsifis blanc.

Observations. — J'ai indiqué au mois de février, page 34, le choix et la préparation du terrain destiné à une *aspergerie*. On peut commencer à planter si le temps est convenable ; la plantation se fait jusqu'au 15 avril sous le climat qui nous occupe, avec des *griffes* d'un ou deux ans de la variété dite *hâtive d'Argenteuil* (Louis Lhérault), excellente et très productive. — Le premier choix de griffes d'un an se vend au maximum 10 fr. le cent, et 12 fr. celles de deux ans. — Nous disons donc que le terrain a été préparé à l'avance. Voici comment on doit procéder pour le moment :

Plantation. — Première année. — Tendre un cordeau dans le milieu de la première tranchée, et enfoncer sur cette ligne des petites baguettes tous les 90 centimètres. Même travail aux autres tranchées, alternant toutes les baguettes d'une tranchée sur l'autre.

A chaque baguette, disposer un petit monticule de terre de 5 centimètres, et sur lequel la *griffe* sera déposée, en ayant soin d'étaler les racines en tous sens et à plat, de les appuyer sur le monticule avec le dos de la main — recouvrir les griffes de 1 centimètre de terre émiettée, puis ajouter une ou deux poignées d'engrais bien consumé (gros terreau), qu'on recouvrira de 3 centimètres de terre, en donnant toujours une forme un peu bombée ; — laisser les petits tuteurs qui indiqueront l'emplacement des griffes, et auxquels on pourra assujettir plus tard les pousses.

La plantation faite, il y aura nécessité de biner souvent, afin d'aérer le sol et de détruire les mauvaises herbes, mais il faut s'y prendre avec une grande précaution, afin de ne pas couper les racines, dont les moindres blessures pourraient entraîner la perte des jeunes plantes. — En octobre, couper les tigelles d'asperges à 45 centimètres au-dessus du sol, — labourer profondément les ados, en leur conservant toujours leur forme ; fumer légèrement, déchausser les griffes avec soin pour ne pas les endommager, répandre sur chaque griffe deux poignées de bon engrais bien consumé, et marquer avec une baguette la place des griffes qui ont manqué, et que vous devez remplacer au mois de mars suivant. Dès que l'engrais sera déposé, le recouvrir de quelques centimètres de terre la plus meuble qu'on aura près de soi. Ce sera la dernière opération de l'année. Si tout ce travail concernant l'asperge n'a pu s'effectuer pendant cette quinzaine, il aura lieu du 1er au 15 avril.

Je place ici à la suite, tout ce qui concerne la culture de l'asperge pendant les années suivantes et jusqu'à son rapport complet.

Plantation à sa deuxième année. — En mars, remplacer les griffes qui auront manqué l'année précédente, par de belles griffes d'un an. Mode de plantation déjà indiqué. Commencement d'avril, premier binage par un temps convenable aux *ados* et aux *tranchées*. Aussitôt que les tiges des asperges seront suffisamment développées, les attacher à des tuteurs de 1 mètre de long, placés obliquement au pied de chaque griffe, pour protéger ces tiges contre l'action du vent, — renouveler les binages autant de fois que les herbes se présenteront ; — en octobre, couper les tiges sèches à 20 centimètres au-dessus du sol, — reformer les ados, en évitant légèrement les tranchées, — répandre fumure sur les ados et les défoncer ensuite, — enlever les tuteurs, — déchausser les griffes comme il a été indiqué (octobre de la 1re année), cette fois jusqu'à la surface de l'engrais déposé l'année d'avant, — ameublir de la terre avec la main, et en recouvrir immédiatement la griffe d'une épaisseur de 4 à 5 centimètres et en forme de petit monticule.

Plantation à sa troisième année. — A la mi-mars, former sur chaque griffe, selon sa force, de petites buttes de terre de 15 à 20 centimètres de hauteur. Les griffes qui ont été remplacées l'année d'avant ne recevront que 10 centimètres de terre.

On pourra commencer cette année à cueillir quelques asperges sur les forts plants. D'après le conseil de M. Lhérault, éviter de se servir du couteau dit à asperges. Employer un couteau à longue lame, carré à son extrémité, muni de dents sur un côté, qui servira à enlever la couche de terre qui recouvre l'asperge à récolter. Vous savez que généralement on cueille les asperges quand elles ont pris une teinte verte et ont une pousse de 10 centimètres. C'est une pratique vicieuse. Le bon moment pour la cueille, c'est quand elles ne dépassent que de 5 centimètres la surface de la terre; alors la pointe qui fait saillie est colorée de rose plus ou moins violacé. Pour faire la cueillette, on suivra avec les doigts et jusqu'à son *talon,* l'asperge à récolter, et, soit en l'inclinant, soit en la tordant un peu, elle se détachera facilement de la souche; de cette manière, on ne risquera pas d'endommager les *turions* (les autres pousses plus courtes de la griffe) voisins, ce qui arrive souvent en employant le couteau à asperges. La cueillette étant faite, reformer immédiatement la butte. — Mêmes binages que dans les années précédentes. — En octobre, couper les tiges sèches à 25 centimètres au-dessus du sol, râcler les tranchées, enlever sur toute leur étendue, une épaisseur de 10 centimètres de terre qu'on rejette sur les ados, — déposer dans le fond de la tranchée une couche de 3 centimètres d'épaisseur de fumier bien consumé, boue et terreau; recouvrir l'engrais de 3 à 4 centimètres de terre en formant au-dessus des griffes un monticule de 8 centimètres d'épaisseur, — puis défoncer un ados.

Plantation à sa quatrième année. — Du 1er au 15 mars, quand la terre est en bon état, faire des buttes de 25 à 30 centimètres au-dessus de chaque griffe forte; les faibles ne seront recouvertes que de 15 centimètres. — Cueillette sur les plus fortes pendant *un mois au plus.* On laissera les autres pousses (turions) monter à graines; ne pas récolter sur les griffes faibles. Au binage du mois de mai, prendre sur les ados de la terre pour recouvrir de quelques centimètres l'étendue des tranchées, — afin de garantir l'asperge contre la sécheresse de l'été, — renouveler les binages à propos. En octobre, couper les tiges à 35 centimètres au-dessus du sol, — étendre du fumier sur les ados, que l'on reformera ensuite avec la terre dans les tranchées, — puis, défoncer les ados de 40 centimètres de profondeur; — en outre, déchausser les pieds d'asperges de la manière déjà décrite, mettre sous les turions mêmes (les bourgeons souterrains) quelques poignées de fumier ou autre engrais consumé, qu'on recouvre aussitôt de 5 centimètres de terre meuble. — Les monticules devront avoir 8 centimètres de hauteur au-dessus de la griffe.

Plantation de la cinquième année. — Le buttage dans le mois de mars. — Les buttes auront 30 centimètres de hauteur ; elles seront élargies dans la proportion de l'extension des souches.

A partir de ce printemps, l'aspergerie doit être en rapport. On cueille presque toutes les asperges qui se présentent, et pendant deux mois, *mais pas plus*, tous les jours ou les deux jours, quand elles *font saillie de 5 centimètres* au-dessus des buttes. On pourrait croire que la coloration diverse des asperges indique des variétés différentes. Il n'en est rien. Retenez bien cette judicieuse remarque formulée par M. Lhérault : « *La coloration des* « *asperges résulte de leur plus ou moins grand allongement.* « On peut dire qu'avec la même variété il est facile d'ob- « tenir : 1° des *asperges blanches*, quand on les cueille « avant qu'elles ne soient sorties de terre ; — 2° des *as-* « *perges rougeâtres* ou *violacées* au sommet, lorsque la « cueillette se fait alors qu'elles ont dépassé de 4 à 5 cen- « timètres seulement la surface du sol ; — et enfin, 3° des « *asperges vertes*, quand on les laisse monter de 15 centi- « mètres et plus. »

Travail de l'été et de l'automne comme l'année précédente, et les années suivantes comme celle-ci. L'aspergerie conduite avec le soin et la prudence conseillés, pourra durer quinze ou vingt ans.

En résumé, pour fonder et faire durer une aspergerie, il faut de beaux plants (griffes), engraisser la terre, la remuer, l'ameublir, la garantir contre la sécheresse, faire la chasse aux insectes.

Autre mode de plantation en terre humide. — Dans un terrain frais, on peut faire le défoncement à la profondeur de 40 centimètres, et employer du fumier moins consumé, assainir le terrain en l'entourant de fossés, ou, ce qui vaudrait mieux, en y établissant un drainage raisonné.

Planter à plat et sans ados, tirer des lignes au cordeau de mètre en mètre, et planter à la distance de 90 centimètres sur la ligne les griffes alternant d'une ligne sur l'autre, suivre pour la plantation les conseils donnés plus haut.

Les animaux nuisibles aux asperges. — *Limaces, Limaçons, Criocère, Courtilière, Larve de hanneton* (ver blanc). — Rechercher en avril et mai, par la rosée du matin, les limaces et les limaçons qu'on détruira, — et jusqu'en juin, les criocères, joli coléoptère dont le corselet est rouge, les élytres bleues avec une bordure jaune fauve. A Argenteuil, il est désigné sous le nom de *Suisse rouge*. On peut prendre et détruire une grande quantité de ces insectes aussitôt qu'ils se montrent, en secouant, le matin, les tiges d'asperges dans un parapluie renversé. — Les larves du criocère, très petites et noires, dévorent les feuilles et rongent les tiges de l'asperge. On pourra en détruire une grande quantité en secouant les tiges atteintes sur un large entonnoir en fer-blanc, contenant une dissolution d'eau de savon.

Les vers blancs ou larves de hannetons ne sont pas moins à redouter; ils mangent les *turions* (bourgeons souterrains) et finissent par attaquer les griffes. Ce sont des ennemis dont il est difficile de se débarrasser. — Il faut encore faire la chasse aux taupes.

Légumes à contre-planter dans les asperges. — Éviter de planter sur les ados, de gros légumes tels que : Betterave, Pomme de terre tardive, Choux gros cabus ou de Milan. On devra cependant utiliser les ados pendant les premières années, en y plantant *Pomme de terre Marjolin, Chou Joanet* ou *Nantais hâtif*, *Haricots nains*, Salades; enfin tous les légumes dont les feuilles ne s'étendent pas trop.

On peut dès à présent semer le *Salsifis blanc*, en lignes espacées de 20 à 25 centimètres, en terre profonde, substantielle, fumée de l'année précédente; recouvrir la graine de 3 centimètres de terre. Si le temps est sec, il est indispensable, pour bien faire lever, d'arroser souvent la planche; car, sans cette précaution, la graine lèverait mal ou ne lèverait pas. Le plant sera trop dru; il faudra l'éclaircir, laisser un intervalle de 4 à 5 centimètres entre chaque plant, désherber et biner un peu. Les racines peuvent être livrées à la consommation dès octobre et jusqu'au mois d'avril suivant. — Les arracher et les mettre en jauge en novembre.

Si l'on voulait cultiver la *Scorzonère d'Espagne*, ou *Salsifis noir*, on s'y prendrait de la même façon. Sa racine n'acquiert pas, l'année du semis, la grosseur suffisante pour être mangée. Il faut attendre à l'année suivante.

2° SEMIS CONTINUÉS

Carotte courte hâtive de Hollande.
Fève de marais grosse ordinaire.
Laitue Gotte lente à monter.
— Palatine ou rousse.
Persil commun et frisé.
Pois Michaux ordinaire.
Pois d'Auvergne (serpette).
— ridé de Knight sucré.
Pomme de terre jaune de Hollande, plantée jusqu'à la fin du mois.
— Vitelotte.
Radis rond rose hâtif.
Romaine verte maraîchère.

Observations. — Le froid ou l'humidité obligent une année sur deux à différer les semis de Carottes, Fèves, Pois, Laitues, Romaine et Radis rose (sur place, jusqu'au 15-20 mars).

Légumes à consommer dans le mois de mars

Betterave rouge grosse à salade.
Carotte demi longue obtuse.
— rouge longue d'Altringham.
Céleri-rave d'Erfurt.
Chicorée sauvage améliorée.
Chou de Vaugirard.
Courge de l'Ohio, au plus tard.
Epinard de Hollande.
Mâche à feuilles rondes, jusqu'au 15.
Navets, jusqu'au 15.
Ognon jaune des Vertus.
— rouge pâle.
Oseille large de Belleville.
Panais long et rond, les derniers.
Pissenlit, à partir du 15.
Poireau gros court de Rouen.
Pomme de terre jaune de Hollande, les dernières.
Pomme de terre Vitelotte, les dernières.
Potiron vert d'Espagne.
Salsifis blanc.

AVRIL. — PREMIÈRE QUINZAINE

1° **Semis en pépinière**. — A. *Faits pour la première fois :*

Chicorée sauvage améliorée.	Chou cabus de Saint-Denis.
Chou de Bruxelles.	Chou de Poméranie.
— Milan gros des Vertus.	Oseille à larges feuilles de Belleville.
— — de Pontoise.	Romaine blonde maraîchère.

Observations. — J'ai dit, page 11, que si vous semiez dans votre jardin les variétés de choix que je recommande, vous pourriez manger sans interruption des choux *pommés* depuis le 1er juin jusqu'au mois de mars de l'année suivante, *neuf mois sur douze!* Je dois donc attacher, dans vos intérêts, une grande importance à la culture et aux époques de semis de ces variétés-là.

Voici l'ordre de succession des produits : La consommation commence 1er juin par le *Chou d'York petit hâtif ;* le *Chou Cœur-de-Bœuf gros* lui est associé pendant quinze jours et le remplace vers le 20 juin ; le *Milan à pied court* lui succède, ainsi que le *Joanet* ou *Nantais hâtif*. Viennent après, fin d'août ou commencement de septembre, à peu d'intervalle l'un de l'autre, le *Chou conique de Poméranie*. puis le *Chou cabus de Saint-Denis*, le *Milan des Vertus* et *de Pontoise;* ces derniers fournissent à l'alimentation de l'automne et de l'hiver. Pour dernière ressource, enfin, il vous restera le *Chou de Vaugirard*, variété la plus tardive, la plus rustique, qui peut se conserver jusqu'au mois de mars suivant. Voilà bien les neuf mois trouvés.

Les graines de toutes les variétés de choux seront semées à la volée sur un bout de planche. Je vous engage à piquer les plants dans la proportion de vos besoins, en pépinière, à 12 centimètres les uns des autres, pour leur faire *prendre du corps;* et quand, un mois après, vous les planterez à leur *place définitive*, ils seront trapus et munis d'assez de racines pour pouvoir être enlevés avec de petites mottes de terre, ce qui assurera plus promptement *la reprise*. — Je vous ai donné mon avis, page 27, sur les meilleurs procédés pour conserver les choux pommés pendant l'hiver, et préserver les plants de *Choux d'York* et *Cœur-de-Bœuf gros*, des atteintes des grands froids.

Je n'ai pas craint de m'étendre sur le chou, parce que ce légume précieux est entre vos mains presque aussi indispensable que la pomme de terre et que vous êtes loin encore d'en tirer tout le parti possible.

Pour la première fois je vous parlerai du *Chou de Bruxelles*, parce que plusieurs personnes qui lisent mes *Conseils* désirent le cultiver. Connu aussi sous le nom de *Chou à jets*, *Chou rosette*, il ne fait pas de grosse pomme, mais un grand nombre de petites semblables à des noix, qui sortent de l'aisselle de ses feuilles, et s'échelonnent tout le long de la tige. (*Voir fig. page* 50.) — Il se sème dans tout le mois d'avril. Si le semis a été clair, on peut à la rigueur ne pas le mettre en pépinière; toutefois, cette opération me semble préférable. Cette variété de chou peut s'accommoder d'une terre moins substantielle que les autres. On plante en lignes espacées entre elles de 60 centimètres, à 65-70 centimètres l'un de l'autre dans la ligne. On peut en même temps contre-planter entre chaque pied et entre les lignes différentes salades qui seront enlevées quand les choux prendront du développement. Au mois de septembre, ils auront 40 à 80 centimètres de hauteur, et de toutes les aisselles des feuilles tombées et des feuilles vertes les plus inférieures paraîtront des rosettes de très petites feuilles qui se *coiffent* en très petites pommes. On peut les cueillir dès octobre et tout l'hiver; les rosettes vont toujours se formant à mesure que la tige s'allonge.

Ce chou résiste bien à la gelée de la plupart des hivers.

L'*Oseille* se rencontre dans tous vos jardins, mais une oseille à petites feuilles et que vous abandonnez à elle-même et à la même place pendant des années. Sans trop d'efforts, on peut faire mieux. Je sais qu'il est d'usage de propager l'oseille par la séparation des touffes (par éclats) ; moi, je vous engage, à l'instar des maraîchers de Paris, à semer tous les ans l'*Oseille large de Belleville*, comme si vous aviez affaire à une plante annuelle, et vous obtiendrez dans l'année même une oseille moins acide que votre oseille commune, et dont les feuilles mesureront, en bon terrain, 30 centimètres de longueur, sans compter la *queue* (pétiole). Quand le plant sera de force à être piqué, le planter en bordure continue, à 30 centimètres d'intervalle ou par touffes isolées. Vous pouvez également semer sur place, soit aussi en bordure, au fond d'un petit sillon ou par places isolées.

B. SEMIS CONTINUÉS

Laitue grosse brune paresseuse (grise maraîchère).

Laitue Palatine ou rousse.

2° **Semis sur place.** A. *Faits pour la première fois :*

Carotte demi-longue obtuse.
— rouge longue d'Altringham.

Chicorée sauvage améliorée.
Oseille large de Belleville.
Radis rose hâtif.

Observations. — C'est la bonne époque pour les semis de *Carotte* en plein carré. Eparpillez dans les carottes une pincée de graine de *Laitue*, *Romaine* et *Radis rose*.

B. SEMIS CONTINUÉS

Asperge hâtive d'Argenteuil, planter griffes jusqu'au 15.
Laitue grise maraîchère.
— Palatine ou rousse.
Ognon jaune des Vertus et rouge pâle.
Pois Michaux ordinaire.
— d'Auvergne (serpette).

Pois ridé de Knight sucré.
Pomme de terre jaune de Hollande.
— Vitelotte, plantée, si l'on en a été empêché en mars.
Radis rose rond hâtif.
Salsifis blanc.

Observations. — Éparpillez une pincée de graines de *Laitue*, *Romaine* et *Radis rose hâtif*. dans les planches d'Ognons qu'il vaut mieux semer dans cette saison, en terre froide.

Il vous faut un peu de *Cerfeuil* et de *Persil* pour les assaisonnements. Semez, soit à la volée sur un petit coin de terre, soit en rayon.

Les bourgeons de la pomme de terre *Marjolin* commençant à sortir de terre, ayez bien soin de préserver des gelées printanières en répandant sur la planche plantée de la litière ou fougère sèche. Il faut avoir ces matériaux sous la main. S'il se présente une continuité de petites gelées, laissez la couverture sur les Pommes de terre tout le temps que cette gelée sévira ; vous l'enlèverez après.

Si vous consentez à ces précautions-là, je puis vous assurer que vous aurez des Pommes de terre nouvelles à récolter *quatre-vingt-dix jours à partir de la plantation*, c'est-à-dire, tout au commencement de juin.

Chou de Bruxelles demi-nain.

AVRIL. — SECONDE QUINZAINE

1° Semis en pépinière. — A. *Faits pour la première fois :*

Poirée à carde blanche.

Observations. — Peu parmi vous connaissent la *Poirée à carde blanche*, qui vient presque sans soins. Elle est généralement cultivée en Belgique et dans le centre de la France. Je vous engage à en essayer un peu. Quand le plant est fort, transportez-le à 15 centimètres l'un de l'autre, sur une planche bien fumée. Ce que l'on mange dans la Poirée à carde, c'est la *côte* de la feuille, qui est très large, épaisse, et ordinairement d'un beau blanc. La cueillette commence au mois d'août et se poursuit jusqu'aux gelées. — Dans ce pays-ci, les pieds passent rarement l'hiver; mais si quelques-uns en réchappent, ils produiront une autre récolte au printemps, avant de monter en graines.

Voici la manière de préparer ce légume, telle qu'elle est indiquée par M. Joigneaux (ouvrage déjà cité) :

« Les feuilles récoltées, en retrancher la partie verte,
« prendre les côtes, enlever la petite peau filandreuse
« qui les enveloppe, les couper par morceaux, les laver à
« l'eau froide, puis les jeter dans l'eau bouillante avec une
« poignée de sel et une cuillerée de vinaigre, laisser bien
« cuire; retirer les côtes, les mettre égoutter et verser
« dessus une sauce blanche dans laquelle on ajoute un filet
« de vinaigre. »

B. SEMIS CONTINUÉS

Betterave rouge grosse, à salade.
Chicorée sauvage améliorée.
Chou Milan à pied court.
— — des Vertus.
— — de Pontoise.
— cabus de Poméranie.
— — de Saint-Denis.

Chou de Bruxelles.
Laitue grosse brune (grise maraîchère).
— Palatine ou rousse.
Oseille à feuilles larges de Belleville.
Romaine blonde maraîchère.

Observations. — Vous devriez cultiver davantage les *Betteraves*. Cuites sous la cendre ou au four, puis mêlées à des *Mâches* (Doucette, Oreillette), on en fait tout l'hiver de bonnes salades.

Les semis de *Chicorée sauvage* et de variétés de *Choux* indiqués, sont recommandés dans le cas seulement où ils n'auraient pu être effectués pendant la première quinzaine de ce mois.

Si je continue à prescrire les semis de *Laitue* et de *Romaine*, c'est afin que vous n'ayez pas, l'été, d'interruption dans la consommation des salades.

2° **Semis sur place.** — A. *Faits pour la première fois :*

Artichaut gros vert de Laon, planter œilletons à partir du 15.

Betterave rouge grosse à salade.

Cardon plein inerme, à partir du 20.

Panais long et rond.

Observations. — Pour cultiver les *Artichauts* avec succès, il faut une bonne terre assez profonde. Celui que je recommande est le seul recherché à Paris et dans les départements environnants. Il y a d'autres bonnes variétés, il n'y en a pas de meilleure. Le point de départ de sa culture, c'est l'*œilletonnage*, opération qu'il faut commencer dès maintenant (deuxième quinzaine d'avril), et qu'on peut continuer jusqu'au 10-15 mai.

On éclate les rejetons (œilletons) qui poussent au collet des vieux pieds, Artichaut gros vert de Laon (*voir fig. sur le titre*), en ayant soin de les enlever avec un *talon* ou portion du collet de la racine (*voir fig. page* 66). On choisit les plus forts dont on supprime l'extrémité des feuilles. Le terrain préparé pour les recevoir aura été bien fumé et labouré d'avance. Après l'avoir fourché et dressé au râteau, tracer de mètre en mètre des lignes au cordeau et au piochon, et indiquer sur la ligne, de mètre en mètre, par de petites baguettes, les places réservées pour la plantation. Les plans doivent alterner d'une ligne sur l'autre. Remuer à la bêche, émietter la terre des places réservées, la mêler même avec un peu de terreau, si vous en avez. Cela fait, planter au plantoir, là où sont les baguettes, deux œilletons ensemble à 10 centimètres d'intervalle, les enfoncer peu, entretenir la terre légèrement humide à leurs pieds. Si cette plantation est binée et arrosée à propos pendant les chaleurs, une partie des œilletons donnera des artichauts au mois de septembre et jusqu'à la mi-octobre, et *tous* porteront à la fin du printemps suivant.

Depuis la plantation des œilletons jusqu'à l'époque où ils formeront de fortes touffes de feuillées, le terrain resterait trop dégarni ; aussi je vous engage à contre-planter dans les jeunes œilletons des *Laitues*, des *Romaines*, enfin des légumes peu épuisants et occupant peu de place.

Au commencement de novembre, il faut couper toutes les vieilles tiges, les feuilles qui rasent le sol, le tiers supérieur des autres, puis butter, c'est-à-dire relever la terre autour de chaque pied en forme de cône, en laissant dépasser un peu le sommet feuillé. Dès que les gelées un peu fortes arrivent, couvrir complètement le sommet des buttes avec de la litière ou des feuilles, qu'on écarte par le temps de pluie et qu'on rassemble quand le froid revient.

Dans le mois de mars suivant, quand le froid n'est plus à redouter pour eux, on détruit les buttes, on donne un bon labour ; puis, en avril, on œilletonne. Que les œilletons doivent être ou n'être pas utilisés, il ne faut laisser que deux pousses (œilletons), trois au maximum par pied. On œilletonne quelques pieds seulement le même jour, quelques autres un peu plus tard, et si, par exemple, on met quinze à vingt jours à toute cette besogne, la production s'échelonnera, et la récolte durera plus longtemps.

Cardon plein inerme. — Le Cardon est un légume de luxe, cher à cultiver, cher à accommoder. C'est bien à lui qu'on peut appliquer le dicton : *C'est la sauce qui fait manger le poisson.* Si vous n'avez pas une terre profonde et substantielle, de l'espace, de fréquents et abondants arrosements à lui donner, n'en essayez pas la culture, ou au moins bornez-vous à quelques pieds seulement.

Tracez au cordeau et au piochon des filets distants entre eux de 1 mètre, enlevez sur la première ligne, de mètre en mètre, une pellée de terre, remplissez les petits trous avec du terreau pur ou mélangé avec de la terre fine, tassez un peu et semez du 20 avril au 10 mai, trois ou quatre graines par trou, — passez ensuite à la seconde ligne, alternant avec la première, ce qui s'appelle planter ou semer en échiquier.

Quand les graines seront levées, que les jeunes plants auront deux ou trois feuilles, choisissez à chaque place le pied le plus fort, arrachez les autres.

Arrosements proportionnés au développement des plantes.

Vers la fin de juin, faites des *bassins* à chaque cardon, non en retirant de la terre à partir du pied, mais en faisant un bourrelet avec celle du tour; ces bassins seront d'un diamètre suffisant pour contenir douze à vingt-quatre litres d'eau versés par la gueule ou le goulot des arrosoirs. On pourrait dès la fin de septembre *blanchir* quelques pieds : on préfère attendre octobre. Quand donc on veut faire blanchir un cardon, voici la manière de s'y prendre : On réunit ses feuilles et on les lie avec deux liens de paille (*voir fig. page* 56), puis on enveloppe la plante avec de la grande litière, de manière à la priver d'air et de lumière, excepté au sommet; et l'on serre cette litière avec trois liens espacés. Les maraîchers appellent cette opération *emmaillotter*. Il faut, dans cet état, trois semaines au cardon pour qu'il acquiert la blancheur et la tendreté convenables. Alors on le coupe par la racine entre deux terre, on le *démaillotte*, on lui ôte ses feuilles extérieures, on *pare* son collet, et on le livre à la consommation. — Ses pieds, qui n'ont pas été emmaillottés, sont liés également, première quinzaine d'octobre, arrachés avec une partie de leurs racines et avec une petite motte de terre, puis portés dans une cave où on les plante près à près dans de la terre légère ou du sable rapporté. Il faut les visiter de temps en temps pour retrancher au fur et à mesure les feuilles qui se gâtent ; de cette manière, on peut en conserver deux mois et même plus.

Dans quelques maisons, on utilise le *Panais long et*

rond pour donner du goût au bouillon. On sème maintenant en filet et à la volée assez clair, parce que les racines deviennent grosses et les feuilles grandes. Il faut laisser un intervalle de 20 centimètres entre chaque pied. Terre profonde et substantielle. S'emploie de septembre en mars. Le laisser en place pendant l'hiver, car il ne craint nullement la gelée.

Si vous préférez semer les *Betteraves* à salade sur place, tracez de petits sillons à 30 centimètres les uns des autres, et répandez votre graine au fond, en l'espaçant de 6 centimètres environ. Plus tard quand le plant sera fort, vous ne laisserez sur la ligne qu'un plant tous les 30 centimètres.

B. SEMIS CONTINUÉS

Carotte demi-longue obtuse.
— rouge longue d'Altringham.
Chicorée sauvage améliorée.
Fève de marais grosse ordinaire.
Laitue grosse brune (grise maraîchère.
— Palatine ou rousse.
Ognon jaune des Vertus.
Ognon rouge pâle.
Oseille à feuilles larges de Belleville.
Persil commun et frisé.
Pois d'Auvergne (serpette).
— ridé de Knight sucré.
Radis rond rose hâtif.
Salsifis blanc, jusqu'à la fin du mois.

Observations. — Les semis de *Carottes*, *Chicorée sauvage*, *Ognons*, *Persil*, sont recommandés *dans le cas seulement* où ils n'auraient pu être effectués dans la première quinzaine du mois.

Vous remarquerez que je cesse d'indiquer le *Pois Michaux*, il ne ferait plus rien ; mais je vous engage fort à mettre encore en terre des pois d'Auvergne et ridé de Knight.

Le *Radis rose hâtif* sera semé très clair dans les Carottes et Ognons, ou seul, sur un bout de planche.

Légumes à consommer dans le mois d'avril

Asperge hâtive d'Argenteuil, depuis le 15.
Carotte demi-longue obtuse.
— rouge longue d'Altringham.
Chicorée sauvage améliorée.
Chou de Vaugirard, parfois première quinzaine.
Laituc Morine.
— de Passion.
— brune d'hiver.
Ognon jaune des Vertus.
— rouge pâle.
Oseille large de Belleville.
Persil commun et frisé.
Pissenlit amélioré.
Poirée à carde blanche.
Poireau gros court de Rouen.
Potiron vert d'Espagne.
Radis rond rose et violet, à partir de la seconde quinzaine.

Cardon plein inerme.

MAI. — PREMIÈRE QUINZAINE

1° Semis en pépinière. — A. *Faits pour la première fois :*

Céleri plein blanc.
— rave d'Erfurt.
Pissenlit amélioré.

Observations.— Si vous possédez du terreau, vous pouvez dès maintenant semer les *Céleris plein blanc* et *rave d'Erfurt*, car, à même la terre, ils viendraient mal. Arrosez souvent. Il en est peu, parmi vous, qui cultivent le Céleri plein blanc, et infiniment peu le Céleri-rave. (*Voir fig. page* 28.) Cependant, ce dernier vous serait d'une grande ressource l'hiver : il se conserve très bien en jauge dans le jardin, au fond d'une petite fosse recouverte de 20 à 25 centimètres de terre, où l'on irait le chercher selon les besoins. C'est un légume excellent et très nourrissant. Vous achetez le plant de Céleris ; rien ne vous serait plus facile que de le produire. Voici comment : sur un bout de terrain bêché, fourché et ratissé, répandez une épaisseur de 2 à 3 centimètres de terreau émietté ; puis, semez assez dru et à la volée vos deux variétés de Céleri. La graine est fine ; il faut à peine la couvrir. Puis tassez avec le dos de la pelle ; tenez le semis frais par des bassinages renouvelés, et désherbez s'il y a lieu. Vous piquerez le plant en pépinière, sur un bout de planche fraîchement labouré et terreauté, à la distance de 8 centimètres, quand il aura quelques feuilles. Il y séjournera jusqu'en juillet ; alors il sera mis en place, en planches bien fumées et avec un écartement de 33 centimètres en tous sens.

Vous connaissez tous le *Pissenlit* (Dent-de-lion). Vous le rencontrez pour ainsi dire à chaque pas dans les champs, les prés, le long des chemins. Il passe pour une assez bonne salade lorsqu'à la fin de l'hiver son cœur est à demi blanchi ; c'est alors qu'on le récolte à l'état sauvage dans beaucoup de départements, pour être vendu sur les marchés des villes et des villages; mais en cultivant le *Pissenlit amélioré*, on l'obtient plus fort, mieux blanchi, plus tendre et moins amer, et on l'a toujours sous la main. Sa culture est des plus faciles. Semer en pépinière depuis mai jusqu'en juillet, repiquer en planches et en rayons écartés de 25 centimètres; les plants de 20 en 20 centimètres dans le rayon. Aucun soin pendant l'été, seulement désherber. — Fin de janvier l'année suivante, couvrir la planche de Pissenlit d'une épaisseur de 10 centimètres de terre douce prise à côté, afin d'amener le *blanchîment* des feuilles. Quarante jours après environ, vous les verrez pointer au-dessus de la terre rapportée; dès lors, la récolte commencera. On écarte la terre à chaque pied, et l'on coupe sur la souche. Ces feuilles blanchies feront une excellente salade, préparées seules ou avec de la betterave.

B. SEMIS CONTINUÉS

Betterave rouge grosse à salade.	Laitue Palatine ou rousse.
Laitue grosse brune (grise maraîchère).	Poirée à carde blanche.
	Romaine blonde maraîchère.

Observations. — On peut encore semer la *Betterave pour salade*, mais pas plus tard.

Vous sèmerez encore des *Laitues* et *Romaines* pour ne pas manquer de salades.

Quant à la *Poirée à carde*, semez-la dans le *cas seulement* où elle n'aurait pu l'être dans la seconde quinzaine d'avril.

2° **Semis sur place.** — A. *Faits pour la première fois :*

Haricot Bagnolet.	Navet blanc plat hâtif (vieilles graines).
— noir hâtif de Belgique.	Pissenlit amélioré.
Navet blanc plat hâtif, à feuilles entières.	

Observations. — On peut mettre en terre les premiers *haricots nains* à grains bruns, *Bagnolet* et *noir hâtif de Belgique* qui sont plus rustiques que les variétés à grains blancs ; mais je ne vous garantirai pas que vous réussirez tous les ans. Essayez toujours, vous avez de grandes chances. Vous ignorez peut-être que ces deux variétés à fleurs lilas et à grains foncés produisent de meilleurs Haricots à manger en vert (*Haricots verts*) que les variétés à fleurs blanches et à grains blancs.

On peut *risquer* dans cette première quinzaine la première graine de *Navet blanc plat hâtif à feuilles rondes*, si vous en avez de la *vieille*. Il faut absolument terreauter et tenir la terre fraîche, non seulement jusqu'à la levée, mais jusqu'au moment où la quatrième ou la cinquième feuille sera développée ; car les jeunes plantes pourraient être, sans cette précaution, entièrement détruites par de petites bêtes d'un bleu noir qui en sont très friandes et qu'on nomme *Altise bleue* (puce de terre des jardiniers). Vous pouvez échelonner les semis de l'une ou l'autre des variétés de Navets, de quinzaine en quinzaine, jusqu'au 1er août.

B. SEMIS CONTINUÉS

Betterave rouge grosse à salade.
Cardon plein inerme, jusqu'au 10.
Panais long et rond, jusqu'au 10.
Pois d'Auvergne (serpette).
— ridé de Knight sucré.

Observations. — Semez toujours un peu de Pois pour succéder.

MAI. — SECONDE QUINZAINE

1° **Semis en pépinière.** — A. *Faits pour la première fois :*

Chou-navet blanc (en terre).
Courge à la moelle, du 20 au 30, après toute gelée.
Courge de l'Ohio, du 20 au 30, après toute gelée.

Observations. — Le *Chou-navet* (en terre), qu'on appelle aussi Chou-rave, n'est pas assez répandu. Il serait à souhaiter qu'on le rencontrât dans tous les jardins, car il vient sans soins et il est d'une grande ressource l'hiver; très bon dans la soupe et cuit au lard ou à la graisse. Il tient le milieu, pour le goût, entre le Chou et le Navet. Nullement exigeant sur la qualité du terrain, il se garde facilement tout l'hiver, dans un cellier, une cave, — dans le jardin, au fond d'une petite fosse, recouverte de 25 centimètres de terre. Se sème en pépinière pour être repiqué, ou sur *place* très clair depuis le 15 mai jusqu'à la fin de juin.

Les *Courges* sont d'une alimentation très peu répandue sous le climat de Paris, mais déjà dans le centre, surtout dans l'ouest, le Lyonnais et tout le midi, on en fait une très grande consommation. Elles se sèment avec avantage en godets sur couche et sous châssis pour les avancer et les mettre en place quand les gelées ne sont pas à redouter. Si vous voulez m'en croire, ne vous pressez jamais pour semer *Concombres, Courges, Potirons,* qui non seulement sont tués par la gelée, mais qui veulent de la chaleur, parce qu'ils sont originaires d'un pays beaucoup plus chaud que le vôtre. N'imitez donc pas dans vos villages, les jardiniers maraîchers et des maisons bourgeoises, qui sèment au commencement d'avril. Ils ont à leur disposition des couches, des châssis, des cloches pour préserver leurs jeunes plants des gelées printanières; vous, vous n'en avez pas, du moins la plupart; ne semez qu'à partir du 15 mai et *sur place* pour simplifier. Vous trouverez aux *Observations* qui accompagnent les semis sur place dans cette quinzaine les détails de culture qui vous sont nécessaires.

B. SEMIS CONTINUÉS

Chou de Milan court hâtif.
— de Vaugirard.
Laitue grosse brune (grise maraîchère).
Laitue Palatine ou rousse.
Pissenlit amélioré.
Romaine blonde maraîchère.

Observations. — Le plant de *Chou de Milan court hâtif*, provenant de graines semées maintenant, arrivera juste pour regarnir les premières planches de Pois arrachés; et cette variété, poussant très vite, aura encore le temps de bien faire sa pomme avant l'hiver.

Quant au *Chou de Vaugirard*, il pomme rarement, il n'est pas de qualité aussi fine, mais il offre le grand avantage de résister à nos hivers les plus froids sans couverture, en sorte que vous pouvez utiliser ses feuilles jusqu'en mars et avril même. Il est excellent cuit avec du lard.

2° **Semis sur place.** — *Faits pour la première fois :*

Chou de Milan petit de Belleville.
Concombre-cornichon vert, petit de Paris.
Courge à la moelle.
— de l'Ohio.
Haricot mange-tout d'Alger (Haricot beurre).
Haricot mange-tout de Prague, marbré.
— flageolet blanc nain.
— de Soissons à rames.
Potiron vert d'Espagne.
Radis jaune d'été.
— noir gros d'hiver.

Observations. — Bien que le *Concombre à cornichons* soit une des plantes potagères qui exigent le plus de chaleur, vous pouvez l'élever en pleine terre, sur place même, sans avoir recours à la chaleur souterraine d'une couche de fumier. Tracez une ligne au cordeau dans le milieu d'une planche large de 1 mètre ; enlevez sur cette ligne une bonne pellée de terre tous les 60 centimètres, remplissez presque les trous avec du terreau mélangé de terre fine ou de terre seule, et semez, du 20 au 25, trois ou quatre graines au milieu de chaque *pochet*. Quand au bout de huit jours elles seront bien germées, gardez le pied le plus fort, dans chaque pochet ; plus tard, quand il aura trois feuilles, sans compter les *oreillettes* (cotylédons), coupez sa tête au-dessus de la deuxième feuille. Des bras partiront des aisselles des deux feuilles conservées. Vous les laisserez courir à leur guise. Paillez le sol si vous le pouvez ; arrosez souvent (de 8 heures à midi) toute la planche à la pomme. Vous commencerez à récolter deux mois et demi environ à partir du semis (vers le 10 août).

Le plant peut également être élevé en pépinière et enlevé en motte pour être mis en place un mois à partir du semis.

Je passe aux *Courges*. Je vous en recommande deux qu'il vous est bien facile d'essayer : d'abord la *Courge à la moelle* (moelle végétale), à tige coureuse, fruit long de 27 centimètres sur 11 de diamètre, chair blanc jaunâtre. Ce fruit se consomme lorsqu'il est à moitié formé, et dans cet état il est tendre et moelleux. On le mange cuit à la sauce blanche ou farci. Il fait de très bonnes soupes. Lorsqu'il arrive à maturité, sa chair est dure et sèche. Cette variété, excellente et très fertile, ne donne son produit que jusqu'aux gelées d'automne.

Puis la *Courge de l'Ohio*, à tige coureuse également, fruit long de 23 centimètres sur 20 de large, de bonne garde, chair jaune orange foncé, très féculente. Laisser tous ses fruits atteindre leur maturité, les récolter avant les gelées, les conserver en lieu sec, à température égale autant que possible.

Ces fruits fourniront à l'alimentation depuis la récolte jusqu'aux mois de mars et d'avril de l'année suivante.

Vos jardins sont généralement trop petits pour y élever

des Courges qui réclament de l'espace. Placez-les dans la partie d'un champ exposée au midi et près de votre demeure ; faites de 2 mètres en 2 mètres, en tous sens, des trous ronds de 60 centimètres de diamètre, profonds de 35 ; remplissez-les de fumier mi-consommé, bien piétiné, et même un peu bombé au-dessus du sol ; recouvrez d'une épaisseur de 20 centimètres de terre douce mêlée, si c'est possible, à un peu de terreau ; donnez-lui la forme d'une taupinière ; semez, du 20 au 30, trois ou quatre graines sur le sommet de ces petites buttes. Quand les graines auront germé, conservez un plant par butte, le plus fort. Arrachez les autres. Quand les rameaux se développeront, laissez-les courir sur terre en les dirigeant un peu, en sorte que l'espace compris entre les buttes soit à peu près couvert de verdure.

Une bonne opération que je dois vous signaler, c'est de *marcotter* les rameaux quand ils ont 1 mètre de long, c'est-à-dire, de les coucher en terre, comme on *provigne* la vigne, afin qu'ils produisent des racines sur la partie enterrée. La végétation de la plante en sera plus vigoureuse. Par surcroît de soins, on fera bien de supprimer le bout des rameaux quand ils auront atteint leur limite.

L'usage en Dauphiné, probablement aussi dans le Lyonnais, est de faire des fritures avec les Courges nouvelles (celles que l'on cueille en été sans être mûres, *Courge à la moelle*), et de préparer l'autre (*Courge de l'Ohio*, dont le fruit s'hiverne) en soupe ou au gratin ; on peut également en faire des purées, des tartes ou flans.

Il me reste à parler d'une autre Courge, plus connue sous le nom de *Potiron vert d'Espagne*. Tige coureuse, fruit aplati, épais de 15 centimètres, large de 35 à 40. Quand il est mûr, l'écorce reste verte Sa chair est jaune foncé, très sucrée et d'excellente qualité. Il a le mérite encore de se conserver très tard, jusqu'en avril et mai suivants, si le fruit récolté bien mûr, bien sec avant d'être rentré, est déposé dans un lieu très sec, à l'abri de la gelée. Culture toute semblable à celle des autres Courges.

Le semis en pépinière des Courges et Potirons, au midi, au pied d'un mur, permet de devancer de quelques jours l'époque du semis sur place, et de mieux le surveiller, l'ayant dans son jardin toujours sous les yeux; mais comme les précautions à prendre lors de l'enlèvement des plants et de leur mise en place, pourront ne pas être de votre goût, vaut-il mieux que vous semiez sur place.

Vous ne courez plus le moindre risque à semer toutes les variétés de *Haricots*. Vous savez qu'il faut des rames ou échalas aux Haricots de *Soissons*, d'*Alger*, et de *Prague marbré*, ces deux derniers nommés *Mange-tout*, parce que leur grain étant parvenu à moitié de sa grosseur on *mange tout*, graine et gousse.

On peut déjà commencer à semer le *Radis jaune d'été* à la volée, sur place, sur un bout de planche. Cinq à six semaines après, vous pourrez en récolter. C'est encore un légume que vous ne connaissez guère; sa racine, presque ronde, à 3 ou 4 centimètres de diamètre; sa peau est d'un jaune roux; sa chair est blanche, sucrée, d'une saveur piquante, il est excellent. Vous pouvez semer ce Radis jusqu'aux premiers jours de juillet, de quinze jours en quinze jours. et en manger de la fin de juin au commencement de septembre.

C'est le moment aussi de semer le *Radis noir gros d'hiver*, très clair, au fond de petits sillons espacés entre eux de 25 centimètres. Quand le plant est un peu fort, n'en laissez qu'un seul tous les 25 centimètres. Le Radis noir n'arrive à toute sa grosseur qu'à la fin de septembre. Sa racine est allongée, presque cylindrique, longue de 12 à 20 centimètres, large de 8; peau très noire, chair serrée, blanche, très piquante. Il se conserve en cave ou enterré dans le jardin. On peut en manger jusqu'en mars.

Chou de Milan petit de Belleville. — Chou frisé, parfaitement distinct des autres; pomme plus petite que celle du Chou petit hâtif se formant plus rapidement, feuilles extérieures un peu plus larges sans être aussi nombreuses et étalées que celles du Chou frisé de Kinay, feuillage épais, vert glauque foncé à cloques nombreuses et serrées, chou d'hiver de première qualité, qu'on sème à la fin de mai et même en juin pour le repiquer cinq à six semaines après et le mettre en place environ un mois plus tard.

B. Semis continués

Haricot Bagnolet.
— noir hâtif de Belgique.
Navet blanc plat hâtif, à feuilles entières.
Pissenlit amélioré.
Pois ridé de Knight sucré.

Légumes à consommer dans le mois de mai

Asperge hâtive d'Argenteuil, tout le mois.
Carotte rouge longue d'Altringham, les dernières.
Chicorée sauvage améliorée.
Chou d'York petit, premières pommes, quelquefois fin du mois.
Laitue Gotte lente à monter.
— Morine.
— Palatine ou rousse.
— de Passion.
Laitue de Passion brune d'hiver.
Ognon jaune des Vertus.
Oseille large de Belleville.
Persil commun et frisé.
Pois Michaux ordinaire. } Petits pois
— d'Auvergne (serpette). } Petits pois
Potiron vert d'Espagne.
Radis rond, rose et violet.
Romaine verte maraîchère.
— blonde maraîchère, depuis le 15.

Œilleton d'Artichaut.

JUIN. — PREMIÈRE QUINZAINE

1° **Semis en pépinière.** — *A. Faits pour la première fois :*

Chicorée frisée de Meaux.	Scarole blonde maraîchère.
Choux fleur Lenormand à pied court, du 1 au 15 seulement.	— verte maraîchère.

Observations. — Le nombre des légumes à semer diminue beaucoup. En effet, la plupart ne pourraient plus atteindre le degré de croissance suffisant pour être convenablement utilisés.

On sème pour la première fois en pépinière, et peu, *Chicorée* et *Scarole*, sur un bout de planche. Eclaircir le plant; entretenir un peu d'humidité de temps à autre par des bassinages à la pomme.

Afin de satisfaire quelques personnes, j'ai introduit ici la culture du Chou-fleur.

Je ne m'occuperai que du *Chou-fleur d'automne*, la culture du Chou-fleur de *printemps* étant assez assujettissante, et celle du Chou-fleur *d'été* très chanceuse.

Semez donc dans cette première quinzaine, — *pas plus tôt, pas plus tard,* — le *Chou-fleur Lenormand dur à pied court (voir fig. page 72)*, sur un bout de planche légèrement terreautée, et à l'ombre. Tenez la terre humide, afin d'éviter l'altise (puce de terre), très friande des feuilles de la plante. Semez clair, pour être dispensé du piquage en pépinière, bassinez souvent, pour fortifier le plant et le maintenir tendre. Il sera bon à mettre en place au bout de cinq semaines, du 8 au 24 juillet, suivant le jour du semis.

Les Choux-fleurs d'*automne* sont ceux dont on fait le plus de cas, d'abord parce que la saison leur est plus favorable, ensuite parce que leurs pommes se forment de la mi-septembre à la fin de novembre, et que l'on peut en garder à l'abri pendant tout l'hiver.

Il leur faut une bonne terre engraissée à l'avance. Dressez une planche de 1 mètre, tracez trois filets, et plantez, au plantoir, les jeunes plants de 60 en 60 centimètres sur la ligne, en les enfonçant jusqu'aux feuilles extérieures; arrosez après. Si vous pouviez pailler la planche avec du fumier mi-consumé, il n'en serait que mieux. Le Chou-fleur est avide d'eau. Les maraîchers disent de lui : *Pied dans l'eau, tête au soleil.* Arrosez donc, et souvent, et beaucoup. Enfin, si les soins n'ont pas manqué, les pieds auront atteint toute leur force à la fin de septembre. Dès que les premières gelées d'octobre seront à craindre, ne négligez pas de rassembler les feuilles des pieds dont les *pommes* sont formées, et de les lier à leur sommet afin de garantir les pommes; enlevez les liens quand le temps redevient doux; enfin, quand des gelées un peu plus fortes s'annoncent, il faut les rentrer.

Moyen de conserver les pommes de Chou-fleur pendant l'hiver employé par les maraîchers de Paris, et communiqué par Moreau et Daverne dans leur ouvrage sur la *Culture maraîchère*, page 132 :

D'abord, il faut posséder une espèce de cellier avec courant d'air. Une cave voûtée ne serait pas aussi convenable. On fiche sur les côtés des solives du plancher des quantités de clous à la distance de 27 à 30 centimètres l'un de l'autre. Chaque clou doit recevoir un Chou-fleur.

Au mois de novembre et par un temps sec, on fait choix, dans le carré de Choux-fleurs, des plus belles pommes; on les coupe en leur laissant un trognon ou bout de tige long de 10 à 15 centimètres; on détache entièrement les feuilles qui se trouvent sur ce trognon, mais on raccourcit seulement à la longueur de 8 à 10 centimètres celles qui entourent la pomme. Ces bouts de feuilles ménagés, garantissent la pomme par les côtés contre les chocs et la pression, mais n'en garantissent pas le dessus; il faut donc, en les portant sur une table, prendre bien garde de les froisser en aucune manière. Déposées sur la table, le jardinier ôte des feuilles et du trognon ce qui lui paraît inutile, puis il attache au bout du trognon de chaque pomme, une ficelle de 16 à 20 centimètres, et pend les pommes de Chou-fleur, la tête en bas, aux clous des solives du plancher.

Tant qu'il n'y a ni gelée, ni grande pluie, ni brouillard, on laissera le courant d'air, afin de chasser l'humidité, très contraire à la conservation des Choux-fleurs. Si plus tard, quand des raisons obligent d'intercepter l'air, l'humidité se manifeste, on allume dans le cellier des terrinées de braise pour sécher l'air; mais ce qui est d'une nécessité encore plus grande, c'est de visiter chaque Chou-fleur au moins une fois par semaine, pour enlever les petites feuilles pourrissantes et qui ne tombent pas, pour voir si quelque partie de la pomme ne se tache pas, et livrer à la consommation les pommes qui paraissent devoir se conserver le moins longtemps.

Les Choux-fleurs ainsi suspendus se fanent un peu, perdent de leur poids. On les fait revenir à leur état naturel au moment de les vendre ou de les manger. Pour cela, on coupe le bout du trognon, on enfonce à plusieurs places la pointe d'un couteau dans la chair du trognon et l'on plonge le trognon dans un baquet d'eau fraîche pendant vingt-quatre à trente-six heures, *sans en mouiller la tête ;* par cette opération, le Chou-fleur reprend sa fraîcheur, sa première grosseur, conserve sa blancheur, et ne perd rien de sa qualité.

Par ce procédé, on peut conserver les Choux-fleurs jusqu'au mois d'avril.

B. SEMIS CONTINUÉS

Chou de Milan court hâtif.
— navet blanc (en terre).
Laitue grosse brune (grise maraîchère).
Laitue Palatine ou rousse.
Pissenlit amélioré.
Romaine blonde maraîchère.

Observations. — On sème pour la dernière fois les *Laitues* et seulement du *Chou de Milan court hâtif,* dans le cas où le semis de la dernière quinzaine de mai aurait manqué ou n'aurait pas suffi. Ces Choux ont encore le temps de pommer avant les grands froids.

2° Semis sur place. — *A. Faits pour la première fois :*

Navet des Vertus (race Marteau).
— rose du Palatinat.

Navet d'Auvergne (race d'Auvergne).

Observations. — Voici la bonne époque arrivée pour les semis de *Navets*, si la terre est humide. Ceux-là ne *monteront* pas à fleur. L'emploi de la graine vieille n'est plus nécessaire, mais ils pourront encore être dévorés par les *puces de terre*, si la sécheresse est forte. Il faut se guider sur le temps, choisir un jour sombre, pluvieux même pour semer. Par la sécheresse, il faut s'abstenir et attendre un temps propice.

L'habitude dans le centre de la France, et peut-être ailleurs, ce que j'ignore, est de semer très clair le *Navet d'Auvergne,* qu'on appelle la *rave,* dans les carrés de Haricots en plein champ, quand on les pioche, et même dans les Pommes de terre quand on les butte ; l'usage est bon La graine, dans ces conditions, rencontre presque toujours assez de fraîcheur pour germer, et les jeunes Navets, protégés par les fanes des Haricots et des Pommes de terre, sont moins attaqués par les altises.

B. SEMIS CONTINUÉS

Haricot Bagnolet.
— flageolet nain.
— noir hâtif de Belgique.

Navet blanc plat à feuilles entières
Pois ridé de Knight sucré.
Radis jaune d'été et Radis noir.

Observations. — Le *Haricot flageolet* semé à cette époque ne mûrira peut-être pas dans tous les terrains, mais son grain (Haricot blanc) sera mangé en vert. Les H. *Bagnolet* et *noir de Belgique* fourniront des gousses qui seront mangées en vert (Haricot vert). — Derniers semis de *Radis jaune* et *noir*.

JUIN. — SECONDE QUINZAINE

1° Semis en pépinière. — A. *Faits pour la première fois :*

Nuls.

B. SEMIS CONTINUÉS

Chicorée frisée de Meaux.
Chou-navet blanc (en terre).
Pissenlit amélioré.
Romaine blonde maraîchère.
Scarole blonde et verte maraîchère.

2° Semis sur place. — A. *Faits pour la première fois :*

Nuls.

B. SEMIS CONTINUÉS

Haricot Bagnolet.
— noir hâtif de Belgique.
Navet d'Auvergne (Rave d'Auvergne), à partir du 15.
Navet rose du Palatinat.
— des Vertus (race Marteau).
Pois ridé de Knight sucré.

Observations. — Derniers semis de *Pois ;* quelquefois on poursuit jusqu'au commencement de juillet et l'on réussit. Les pois semés en juillet prennent le *blanc* (sorte de cryptogame qui s'établit sur les feuilles et paralyse la végétation). Il arrive encore que les extrémités des bourgeons se recoquillent, ce que certains jardiniers appellent pois *bouclés.*

Légumes à consommer pendant le mois de juin

Artichaut gros vert de Laon, à partir du 15.
Asperge hâtive d'Argenteuil.
Carotte courte hâtive de Hollande.
Chicorée sauvage améliorée.

Chou d'York petit.
— Joanet ou Nantais, très hâtif.
— Cœur-de-bœuf gros, fin du mois.

Fève de marais grosse, ordinaire.

Laitue Gotte lente à monter jusqu'au 15.
— grosse brune.
— grise maraîchère.
— Palatine (ou rousse).

Ognon blanc hâtif de Paris.

Oseille large de Belleville.

Pois Michaux ordinaire, } en petits pois
— d'Auvergne (serpette). }

Pomme de terre Marjolin, tout le mois.

Radis jaune d'été, à partir du 15.

Romaine verte maraîchère.
— blonde id.

Chou-fleur Lenormand.

JUILLET. — PREMIÈRE QUINZAINE

1° **Semis en pépinière.** — A. *Faits pour la première fois* :

Nuls.

B. SEMIS CONTINUÉS

Chicorée frisée de Meaux.
Scarole blonde maraîchère.
Scarole verte maraîchère.

Observations. — C'est le moment le plus favorable pour faire le principal semis de *Chicorée* et de *Scarole*. Les plants qui en proviendront fourniront de beaux pieds de salades, qui serviront à votre consommation de l'hiver, si vous prenez la précaution de les couvrir d'un bon lit de feuilles ou de fougères sèches à l'approche des gelées.

1° **Semis sur place.** — A. *Faits pour la première fois* :

Nuls.

B. SEMIS CONTINUÉS

Haricot noir de Belgique.
Navet d'Auvergne (race d'Auvergne).
Navet rose du Palatinat.
— des Vertus (race Marteau).

Observations. — Vous pouvez encore semer le *Haricot noir de Belgique*, mais il faut lui réserver la place la plus chaude, la plus abritée de votre jardin. — Le semis du *Navet* se fait très généralement.

JUILLET. — SECONDE QUINZAINE

1° **Semis en pépinière.** — A. *Pour la première fois* :

Nuls.

B. SEMIS CONTINUÉS

Scarole verte maraîchère.

Observations. — Cette scarole aura encore le temps de faire de beaux pieds.

2° **Semis sur place.** — A. *Pour la première fois* :

Nuls.

B. SEMIS CONTINUÉS

Les trois variétés de Navets de la première quinzaine.

Observations. — Ces *Navets* pourront atteindre encore toute leur grosseur.

Légumes à consommer dans le mois de juillet

Artichaut gros vert de Laon.
Carotte demi-longue obtuse nouvelle.
Chou Cœur-de-bœuf gros.
— Joanet ou Nantais jusqu'au 15.
— Milan à pied court, à partir de la fin du mois.

Haricot bagnolet. } en haricots verts tout le mois.
— noir hâtif. }
— de Belgiq. }
— flageolet nain blanc, depuis le 15.
Laitue grosse brune.
— grise maraîchère.
— Palatine ou rousse.

Navet blanc plat hâtif, à feuilles entières.
Ognon jaune des Vertus.
— rouge pâle ordinaire, éclaircis dans les planches où ils ont été semés à la volée.
Oseille large de Belleville.
Persil commun et frisé.

Pois d'Auvergne (serpette. — ridé de Knight sucré. } grains verts à écosser
Pomme de terre Marjolin.
— de terre Chave (Schaw), commence à la fin du mois.
Radis jaune d'été.
Romaine blonde maraîchère.

Pomme de terre Marjolin.

AOUT. — PREMIÈRE QUINZAINE

1° **Semis en pépinière:** — *Commencés ou continués* :

Nuls.

2° **Semis sur place.** — A. *Faits pour la première fois* :

Épinard de Hollande. | Mâche à feuilles rondes.

Observations. — On peut dès maintenant semer l'Épinard assez clair, à la volée et en planche; marchez ensuite, *brouillez* la surface du sol avec le râteau, recouvrez les graines de 2 centimètres de terreau, puis tassez avec le dos d'une pelle. S'il fait sec, bassinez le soir de jour à autre. Si plus tard le jeune plant est serré, arrachez-en. Une mauvaise habitude que l'on a dans certains endroits, c'est de récolter, en coupant avec un couteau toutes les feuilles d'un pied d'Épinard, les grandes qui sont à la circonférence et les petites qui forment le *cœur*. Ce qu'il faut faire, c'est de détacher avec les ongles la queue des plus grandes feuilles seulement; les petites, restées intactes, grandiront, et une fois bien développées, elles seront séparées du pied de la même manière.

Vous connaissez tous la *Doucette* (oreillette), que vous allez chercher dans les champs, les prairies artificielles, les vignes, pour en faire des salades. Eh bien, la *Mâche* des jardiniers est une Doucette perfectionnée, à feuilles plus grandes, plus succulentes, qui, cultivée, vient presque sans soins, et que vous trouverez abondamment sous votre main, si vous voulez bien vous y prendre de la manière suivante :

Partout où vous avez, à cette époque, une place vide, même où le terrain est occupé par des légumes écartés, les choux par exemple, gardez-vous bien de bêcher, mais râclez le dessus de la terre avec un ratissoire; enlevez les mauvaises herbes s'il s'en trouve, puis jetez à la volée et clairsemez de la graine de *Mâche à feuilles rondes;* brouillez avec le râteau la terre remuée. C'est ainsi qu'on se procure les salades les plus économiques. Les frais de culture ne sont pas grands, comme vous le voyez, et malgré cela, dans la plupart de vos communes, on n'utilise que la *Mâche sauvage.*

Je dois vous prévenir que si, au moment du semis, la terre est très sèche, et si, peu de jours après, il ne survient pas de pluie, la graine qui a une enveloppe très dure ne germera pas. Ayez donc soin, dans ce cas, d'humecter au moins un petit espace de terrain ensemencé.

AOUT. — SECONDE QUINZAINE

1° **Semis en pépinière.** — A. *Faits pour la première fois :*

Chou Cœur-de-bœuf gros.	Laitue de Passion.
Laitue Morine.	— — brune d'hiver.

Observations. — Il importe beaucoup de soigner le semis du *Chou Cœur-de-bœuf gros*, parce que sa pomme sera formée vers la fin de juin de l'année suivante, au moment juste où vous commencerez les foins. C'est alors qu'un plat de bon chou au lard vous sera d'une grande ressource.

Semez donc à la volée, sur un bout de planche bien exposée, bien préparée, et terreautée sur les graines. Quand le plant aura quatre ou cinq feuilles, piquez-le à la distance de 12 centimètres dans une autre planche également bien préparée ; arrosez jusqu'à la reprise, puis, n'y faites plus rien de l'automne, sauf désherber. Quand le véritable hiver se déclarera, répandez sur toute la planche une couche de litière de longue paille, sans trop intercepter l'air et le jour ; laissez cette litière pendant toute la durée du froid, enlevez au franc dégel, et remettez-la s'il survient une seconde série de froid. De cette façon, vous sauverez presque tous vos plants, et vous les mettrez en place en les enlevant avec une petite motte de terre, dès que le sol pourra se travailler, fin de février ou mars.

Évitez de semer l'*Épinard* plus tard que le 20, afin qu'il ait le temps d'être fort avant les froids.

Les *Laitues de Passion*, *brune d'hiver* et *Morine* seront semées à cette époque sur un bout de planche bien exposée, 2 mètres de surface suffisent dans un petit jardin. Bassiner le soir de jour à autre, pour faire lever ; éclaircir plus tard le plant s'il est trop serré. Au bout de trente à quarante jours, il sera temps de le mettre en place, en planche bien exposée et abritée à la distance de 25 centimètres en tous sens. Quand le véritable hiver se déclarera, il sera prudent de répandre sur toute la surface de la planche une couche de litière non consumée ou des fougères sèches.

2° **Semis sur place.** — A. *Semis faits pour la première fois :*

Oignon blanc hâtif de Paris.

Observations. — Les maraîchers de Paris sèment l'*Ognon blanc* très dru du 15 au 20 août, et ils terreautent sur la graine. A la fin d'octobre, il repiquent le plant à 10 centimètres. Cet ognon ne craint pas la gelée. On peut aussi le laisser passer l'hiver en pépinière et le piquer en planche après les froids. — Il est bon à récolter vers le 15 mai.

B. SEMIS CONTINUÉS

Épinard de Hollande.
Mâche à feuilles rondes.
Navet rose du Palatinat.
Navet des Vertus (race Marteau).
— d'Auvergne (rave d'Auvergne).

Observations. — Ce sont les derniers semis de ces légumes-là.

Légumes à consommer pendant le mois d'août

Artichaut gros vert de Laon, provenant d'œilletons bien soignés ; fin du mois.
Chicorée frisée de Meaux.
Chou conique de Poméranie.
— Milan court hâtif.
— — de Pontoise, vers le 15.
Concombre-cornichon, petit, vert de Paris.
Courge à la moelle. Se récolte non mûr à partir du 15-20.
Haricot mange-tout d'Alger (Haricot beurre).
— mange-tout de Prague, marbré.
— noir hâtif de Belgique.
— flageolet blanc nain.
— de Soissons (en grains verts — blancs non mûrs).
Laitue Palatine (rousse).

Navet blanc plat hâtif, à feuilles entières.
— rose du Palatinat.
— des Vertus (race Marteau), à partir du commencement du mois.
Ognon jaune des Vertus.
— rouge pâle.
Oseille large de Belleville.
Panais long et rond, de la mi-août.
Persil commun frisé.
Pois d'Auvergne (serpette).
— ridé de Knight sucré.
(petits pois) en grains verts
Pomme de terre Chave (Shaw), tout le mois.
Radis jaune d'été.
Scarole ronde verte maraîchère.
Tomate rouge grosse hâtive, vers le 10-15.

Ognon jaune des Vertus.

SEPTEMBRE. — PREMIÈRE QUINZAINE

1° **Semis en pépinière.** — A. *Faits pour la première fois* :

Chou d'York petit hâtif.

Observations. — C'est le vrai moment, du 1er au 15, de semer le *Chou d'York petit hâtif.* Vous lui appliquerez tous les soins prescrits à l'égard du *Chou Cœur-de-bœuf gros*, p. 47. — Si vous le mettez en place fin de février, dans une planche bien abritée, bien exposée, contre un mur au midi, par exemple, en l'enlevant autant que possible, avec une petite motte de terre au pied, vous pouvez récolter dès la fin de mai.

Si, au lieu de faire votre plant, vous l'achetez au printemps à des jardiniers, la formation de la pomme du chou sera retardée de quinze jours.

B. SEMIS CONTINUÉS

Chou Cœur-de-bœuf gros.

Observations. — Le semis de cette variété (Cœur-de-bœuf gros) peut être reporté sans inconvénient au commencement de cette quinzaine.

2° **Semis sur place.** — A. *Faits pour la première fois* :

Nuls.

B. SEMIS CONTINUÉS

Mâches à feuilles rondes.

Nota. — Aucun semis dans la *seconde quinzaine* de *septembre*, ni en *octobre*, *novembre*, *décembre* et *janvier*.

Légumes à consommer dans le mois de septembre

Artichaut gros vert de Laon, provenant d'œilletons bien soignés.
Carotte demi-longue obtuse.
— rouge longue d'Altringham.
Chicorée frisée de Meaux.
Chou cabus de Saint-Denis.
— conique de Poméranie.
— Milan court hâtif.
— — gros des Vertus.
— — de Pontoise.
Chou-fleur Lenormand, dur, à pied court.
Concombre à cornichon, vert, petit à Paris.
Courge à la moelle. Se récolte non mûre.
Épinard de Hollande.
Haricot noir de Belgique.
— Bagnolet.
Haricot flageolet blanc nain.
— d'Alger mange-tout. (Haricot beurre).
— de Prague marbré, mange-tout.
— de Soissons à rames.
Navet rose du Palatinat.
— des Vertus (race Marteau).
Panais long et rond.
Poireau gros court de Rouen.
Pois ridé de Knight, sucré (petits pois).
Pommes de terre Chave (Shaw).
— jaune longue de Hollande, commence.
— Vitelotte, commence.
Radis jaune d'été.
— noir gros d'hiver.
Scarole ronde verte maraîchère.
Tomate rouge grosse hâtive.

Navet rose du Palatinat

OCTOBRE. — LES SEMIS ONT CESSÉ

Observations. — Les premières gelées apparaissent ordinairement, dans plusieurs localités de la circonscription que j'ai indiquée, dans la première quinzaine de ce mois. On doit donc, dans ces localités, prendre déjà des précautions contre le froid.

Il faut récolter par un temps sec, les *Courges de l'Ohio*, *Potirons verts d'Espagne*, les *Tomates* qui sont encore sur pied, rouges ou rougissantes, déposer tous ces fruits-légumes, isolés les uns des autres, sur des planches, dans des chambres saines, de préférence aux caves, où il y a toujours plus ou moins d'humidité.

Récolter aussi les *Haricots* dont le grain est sec, et tâcher de ne pas mêler les variétés.

La veille de la première gelée ou du moins de la crainte qu'on en a, couper toutes les têtes d'*Artichaut*, les rentrer; lier au sommet les feuilles des pieds de *Chou-fleur* qui *marquent* leurs têtes.

Légumes à consommer dans le mois d'octobre

Artichaut gros vert de Laon, d'œilletons bien soignés.
Betterave rouge grosse à salade.
Cardon plein inerme, dès la fin du mois.
Carotte demi-longue obtuse.
— rouge longue d'Altringham.
Chicorée frisée de Meaux.
Chou cabus de Saint-Denis.
Chou conique de Poméranie.
— Milan court hâtif.
— — gros des Vertus.
— — de Pontoise.
Courge de l'Ohio, récoltée mûre, à partir du 15.
Épinard de Hollande.
Tous les Haricots.
Navet rose du Palatinat.
— des Vertus (race Marteau).

Navet d'Auvergne (race d'A.).
Ognon jaune des Vertus.
— rouge pâle.
Oseille large de Belleville.
Panais long et rond.
Persil commun ou frisé.
Poirée à carde blanche.
Poireau gros court de Rouen.
Pois ridé de Knight sucré, première quinzaine.
Pomme de terre jaune de Hollande.
— Vitelotte.
Radis noir gros d'hiver.
Salsifis blanc, commence.
Scarole ronde verte maraîchère.
Tomate rouge grosse hâtive, tout le mois, en préservant de la gelée.

NOVEMBRE. — LES SEMIS ONT CESSÉ

Légumes à consommer dans ce mois

Betterave rouge grosse à salade.
Cardon plein inerme.
Carotte demi-longue obtuse.
— rouge longue d'Altringham.
Céleri plein blanc.
— rave d'Erfurt.
Chicorée frisée de Meaux.
Chou cabus de Saint-Denis.
— Milan des Vertus.
— — de Pontoise
— de Bruxelles.
Chou-fleur Lenormand, dur, à pied court. — Rentré.
Courge de l'Ohio.
Épinard de Hollande.
Mâche à feuilles rondes.
Navet rose du Palatinat.
— des Vertus (race Marteau).
— d'Auvergne (rave d'A.).
Ognon jaune des Vertus.
— rouge pâle.
Oseille large de Belleville.
Panais long et rond.
Persil commun et frisé.
Poireau gros court de Rouen.
Pomme de terre jaune de Hollande.
— Vitelotte.
Potiron vert d'Espagne.
Radis noir gros d'hiver.
Salsifis blanc.
Scarole ronde verte maraîchère

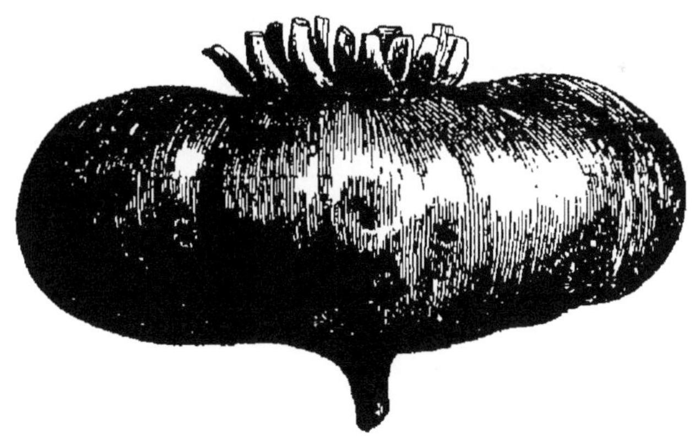

Navet blanc plat hâtif.

DÉCEMBRE

Légumes à consommer dans ce mois

Betterave rouge à salade.
Cardon plein inerme.
Carotte demi-longue obtuse.
— rouge longue d'Altringham.
Céleri plein blanc.
— rave d'Erfurt.
Chicorée frisée de Meaux.
Chou cabus de Saint-Denis.
— Milan des Vertus.
— — de Pontoise.
— de Vaugirard.
— navet blanc (en terre).
— de Bruxelles.
Chou-fleur Lenormand, dur, à pied court.
Courge de l'Ohio.
Epinard de Hollande.
Mâche à feuilles rondes.
Navet rose du Palatinat.
— des Vertus (race Marteau).
— d'Auvergne (race d'A.).
Ognon jaune pâle des Vertus.
— rouge pâle ordinaire.
Oseille large de Belleville.
Panais long et rond.
Persil commun et frisé.
Poireau court long de Rouen.
Pomme de terre jaune de Hollande.
— Vitelotte.
Potiron vert d'Espagne.
Radis noir gros d'hiver.
Salsifis blanc.
Scarole ronde verte maraîchère.

PLANTES A ASSAISONNEMENTS

Je donne dans ce paragraphe spécial, une série de plantes potagères utilisées dans les assaisonnements. Elles sont pour la plupart connues et cultivées dans les campagnes.

Ail ordinaire.— Vivace par ses ognons (vulgairement *gousses*), vient à peu près dans tous les terrains, craint l'humidité et les engrais nouveaux. Planter les *gousses* au premier printemps, à 15 centimètres de distance, en mai-juin, selon la localité ; nouer les tiges et feuilles pour faire grossir les ognons. Quand les fanes sont desséchées, arracher la plante et faire sécher au soleil. Lier par bottes que l'on suspend dans un lieu sec. L'usage de l'ail dans les pays méridionaux est trop connu pour en parler.

Arroche des jardins, blonde (Bonne-dame). — Vient dans tous les terrains. Semer à la volée quelques graines, çà et là, dans les cultures, surtout dans les ognons. On se sert de ses feuilles pour affaiblir l'acidité de l'oseille et dans les soupes.

Betterave rouge. — Cuite au four ou dans la cendre, coupée par rondelles et confite au vinaigre, on la mange en guise de cornichon avec les viandes.

Capucine naine. — Semer sur place quelques graines isolées, quand il commencera à faire chaud, d'avril en mai, suivant les localités. La fleur sert à orner les salades. Les boutons et les graines encore verts, conservés dans le vinaigre, sont employés en guise de câpres.

Céleri (voir page 57). — Son goût aromatique le fait rechercher par quelques personnes. Ses feuilles blanches s'emploient crues en salades.

Cerfeuil commun. — Sert dans l'assaisonnement d'un grand nombre de mets. On en fait des fournitures de salades. Se sème depuis avril et tout l'été.

Ciboule. — Vivace et bulbeuse, cultivée aussi comme plante annnuelle, se sème au commencement de mars. Quand elle est grosse comme le petit doigt, elle est bonne à employer. Sert aux assaisonnements et à la fourniture des salades.

Ciboulette (*Appétit, Civette*). — Vivace et bulbeuse. On divise ses touffes et on les plante en bordure à mi-ombre. Les feuilles hachées se mettent dans la salade, dans les omelettes en guise de fines herbes, sur des tartines beurrées.

Cornichons (voir les détails sur la culture, page 61). — Voici la manière de faire les conserves de concombre-cornichon d'après M. Joigneaux (livre cité). Il est bien entendu qu'on les cueille quand ils sont très petits, longs au plus de 8 centimètres :

« Aussitôt les cornichons cueillis, brossez-les avec une brosse ordinaire pour en détacher la terre ou le sable, frottez-les ensuite avec un linge propre, mettez-les dans une terrine, saupoudrez-les fortement de sel de cuisine, et attendez vingt-quatre heures, le temps nécessaire pour qu'ils prennent le sel. Après cela, placez les cornichons dans un bocal avec des petits ognons blancs, du piment, de l'estragon, et versez du vinaigre jusqu'à ce que le tout y baigne. »

Cresson alénois à larges feuilles (*Passerage cultivé*). — Semer sur place à mi-ombre et à plusieurs époques, car il monte vite à fleur. Craint la gelée. Est employé en salade et en garniture de salade à cause de sa saveur relevée et piquante.

Echalote grosse. — Vivace et bulbeuse : bonne terre, craint l'humidité stagnante et les engrais non consommés. Se multiplie par petits ognons (*bulbes*) qu'on plante au premier printemps presque sur terre, à 12 ou 15 centimètres de distance. Dès que les ognons commencent à pousser, il faut refouler la terre au pied. Il arrive qu'une sorte de fermentation fait jaunir les feuilles : si l'on ne se hâtait de déchausser les ognons, on pourrait les perdre. Lorsque la végétation est terminée, et que les feuilles sont mortes, arracher, faire sécher au soleil et rentrer en lieu très sec.

S'emploie de diverses manières, surtout dans les sauces.

Estragon. — Vivace. Se multiplie par séparation des pieds au printemps. Quelques pieds suffisent. C'est la plante aromatique la plus recherchée. Ses jeunes bourgeons, ses feuilles s'emploient souvent en cuisine et sont une excellente fourniture de salade. Par prudence, couvrir les pieds avec des feuilles sèches, pendant l'hiver.

Persil commun. — Inutile d'énumérer ses usages. Il y en a une variété *à feuilles frisées* (Persil double) qui est fort jolie, mais plus délicate et résistant mal aux hivers froids.

L'emploi du Persil est connu de toutes les ménagères.

Piment (*Poivron, Poivre rose*). — Semer quelques graines en pot ou sur un bout de couche, pas avant le mois d'août, il aime la chaleur ; repiquer quelques pieds en motte sur terreau et à bonne exposition.

Raifort sauvage (le Raifort). — Vivace. Se propage plutôt par le déchirement de ses racines que par graine. Quand on veut l'employer, il faut éclater les racines, les laver, les râper, on y ajoute parfois un peu de sel et de mie de pain ; remplace la moutarde, se sert avec le bœuf bouilli.

Sarriette des jardins. — Annuelle. Jeter une pincée de graines à la volée et très clair dans un coin du jardin, recouvrir à peine. Elle est l'assaisonnement par excellence des Fèves de marais.

Sauge officinale. — Vivace, très rustique ; tout terrain ; se multiplie de bouture et d'éclat, de graine également. Un pied suffit. Ses feuilles servent à relever la saveur des viandes, et font partie du bouquet d'herbage employé dans la cuisson des jambons.

Thym commun. — Vivace, très rustique ; tous les terrains. Éclater les vieux pieds, planter en bordure ou par touffes isolées. Son odeur forte le fait employer dans certains ragoûts pour les relever.

TABLE DES MATIÈRES

PREMIÈRE PARTIE

OBSERVATIONS ET PRINCIPES GÉNÉRAUX

DEUXIÈME PARTIE

LA CULTURE DES LÉGUMES DISTRIBUÉE PAR QUINZAINE

TABLE des Légumes dont la culture est indiquée dans cet ouvrage

Angers, imprimerie Lachèse et Cie, chaussée Saint-Pierre, 4.

1er JANVIER 1897

LIBRAIRIE CENTRALE

D'AGRICULTURE & DE JARDINAGE

Fondée en 1853

16 Récompenses aux Expositions françaises

CATALOGUE GÉNÉRAL

AVIS IMPORTANT qu'on est prié de lire.

Les commandes de livres ne sont exécutées qu'autant qu'elles sont accompagnées d'un **mandat-poste.** — Elles sont expédiées *franco,* par la poste ou par colis postal, *en gare.* — Pour l'étranger, le port est à la charge des demandeurs lorsque les envois doivent être faits par chemin de fer.

Les ouvrages de **Droit,** de **Littérature ancienne et moderne,** de **Médecine,** de **Sciences diverses,** sont fournis aux mêmes conditions.

Les timbres-poste français et étrangers sont rigoureusement refusés.

PARIS

Auguste GOIN, éditeur et commissionnaire

Rue des Écoles, 62, près du Musée de Cluny

La Librairie est fermée le dimanche et les jours fériés

Bibliothèque de l'Agriculteur praticien

Encouragée par MM. les Ministres de l'Agriculture et du Commerce et de l'Instruction publique.

Abeilles. Leur élevage par les procédés modernes. Pratique et théorie, par Georges DE LAYENS, 2e édit. in-18, orné de 31 fig. 1 50

Abeilles. Leur éducation, par Alexis ESPANET. In-18. 40 c.

Agriculture. Théorie et pratique, par É. MURPHY, traduit de l'anglais par SANREY. 1 vol. in-18 orné de figures. 1 50

Approuvé par la Commission des bibliothèques scolaires.

Agriculture moderne (*Lettres sur l'*), par J. LIEBIG. 1 v. in-18. 3 50

Agronomie. — Etudes théoriques et pratiques d'agronomie et de physiologie végétale, par Isidore PIERRE, doyen de la Faculté des sciences de Caen. 4 vol. in-18. — 1er vol. *Sol, engrais, amendement.* — 2e vol. *Plantes fourragères, graines et produits dérivés.* — 3e vol. *Céréales.* — 4e vol. *Plantes industrielles, recherches diverses.* 14 fr

Chaque volume séparément. 3 50

Approuvé par la Commission des bibliothèques scolaires.

Almanach de l'Agriculteur praticien, années 1857 à 1873. 16 vol. in-18 avec de nombreuses figures dans le texte. 6 50

Cette collection forme une véritable *Encyclopédie agricole*, elle est terminée par une table générale des matières. Prix de chaque année 50 c.

Analyse des terres (*Manuel élementaire pour l'*), des amendements, des engrais liquides et solides, des eaux d'irrigation ; des fourrages, des tourteaux et d'autres substances destinées à l'alimentation des hommes et des animaux, par Isidore PIERRE. 2e édit. 1 vol. in-18 avec figures. 2 50

Approuvé par la Commission des bibliothèques scolaires.

Animaux domestiques, reproduction, amélioration et élevage, par DE WECKHERLIN. In-18. 2 fr.

Anthonome des fleurs du Pommier : mœurs et destruction de cet insecte, par M. E. HERISSANT, directeur de l'Ecole pratique des Trois-Croix. In-18 orné d'une planche et d'un chromo représentant l'insecte à ses divers états. 60 c.

Ce mémoire a été couronné par la Société d'Encouragement et par le Congrès pomologique de l'Ouest.

Bétail (*De l'alimentation du*), aux points de vue de la production, du travail, de la viande, de la graisse, de la laine, du lait et des engrais, par Isidore PIERRE, 4e édition. 1 vol. in-18. (*Nouvelle édition en préparation.*)

Approuvé par la Commission des bibliothèques scolaires.

Bêtes ovines (*Traité des*), par WECKHERLIN. 1 vol. in-18. 3 50

Bêtes ovines (*Des*) **et des chèvres,** pr YSABEAU. In-18, fig. 75 c.

Botte de foin (*La*). — Description des plantes qu'elle peut contenir et de celles qu'on n'y doit pas trouver, par MERCHE. 1 vol. in-18, orné de 99 fig. dans le texte. 1 50

Chaux, Marne et Calcaires coquilliers. Leur emploi pour l'amendement du sol, par Isidore PIERRE, 2e édit. In-18. 50 c.

Constructions rurales (*Manuel des*), par BONA. 4e édit. 1 vol. in-18, orné de 200 fig. 3 50

Coqs et Poules. — Guide pratique de l'aviculteur, par DESROCHES. 1 vol in-18. 1 50

Dindons, Pintades, Oies, Canards, Cygnes, Paons, Faisans, Perdrix, Cailles et Colins, par Alexis ESPANET. 3e édit., arrangée par l'éditeur. 1 vol in-18, orné de 13 fig. dans le texte. 1 fr.

Drainage. — Traité de drainage, ou Assainissement des terrains humides, par J. LECLERC. 3e édit. 1 vol. in-18, orné de 130 fig. 3 50

Engrais. — Traité des engrais (*Fumier de ferme, Engrais humain, Guano, Engrais chimiques,* etc.) ; préparation, emploi et commerce, par CHABRIER, professeur de chimie et d'agriculture à Juilly. 2e édit. 1 vol. in-18. 3 fr.

Etudes agronomiques sur les « Géorgiques » de Virgile, par A BOSSON 1 vol. in-18. 3 50

Eucalyptus. — Introduction, culture, propriétés, usages, etc., par RAVERET-WATTEL. 2e édit. 1 vol. in-18. 1 50
Approuvé par la Commission des bibliothèques scolaires.

Fourrages. — Recherches sur la valeur nutritive des fourrages, par Isidore PIERRE. 4e édit. 1 vol. in-18. 2 50
Approuvé par la Commission des bibliothèques scolaires.

Fumier. — Plâtre et sulfatage du fumier et désinfection des vidanges, par Isidore PIERRE. 3e édit. in-18. 50 c.
Approuvé par la Commission des bibliothèques scolaires.

Graminées céréales et fourragères. — Description des genres et espèces, rendement des diverses espèces, propriétés nutritives, sols qui conviennent, par DE MOOR. 1 vol. in-18, orné de 250 figures. 2 50

Lapin domestique (*Traité pratique de l'éducation du*), par F. Alexis ESPANET. 6e éd. 1 vol. in-18, orné de 15 fig. dans le texte. 1 fr.

Maïs. — Alcoolisation des tiges du maïs et du sorgho sucré, par DURET. 1 vol. in-18. 75 c.

Matériel agricole (*Le*) Description et examen des instruments, machines, appareils et outils employés pour les travaux agricoles, par JOURDIER. 3e éd. ornée de 206 fig. dans le texte. 1 vol. in-18. 3 50

Mouton. — Elevage et maladies, par A. LEROY. 1 vol. in-18. 2 fr.

Mûrier. — Ses avantages et son utilité dans l'industrie, par F. CABANIS. 1 vol. in-18, orné d'une fig. hors texte. 2 fr.

Ortie. — Ses propriétés alimentaires, médicales, agricoles et industrielles, par ELOFFE. 1 vol. in-32, orné de 14 fig. 1 fr.

Ortie de la Chine (*L'*) *et sa culture.* — Notice sur les diverses plantes qui portent ce nom, leurs usages, par RAMON DE LA SAGRA. In-18. 1 fr.

Pigeons (*De l'éducation des*), par Alexis ESPANET. 4e édit., revue et complétée par l'éditeur. 1 vol. in-18, orné de 29 fig. 1 fr.

Pomone agricole. — Plantation et culture du poirier et du pommier dans les champs et les vergers, suivie d'une notice sur la fabrication du cidre et sur la préparation alimentaire des poires et des pommes, par Ferdinand MAUDUIT, 1 vol. in-18, orné de 25 fig. dans le texte. 1 25
Ouvrage couronné par la Société centrale d'horticulture de la Seine-Inférieure. — Approuvé par la Commission des bibliothèques scolaires.

Porcheries (*De l'établissement des*). — Dispositions diverses, constructions, par GRANDVOINNET, professeur à l'Institut agronomique. 1 vol. orné de 95 fig. 2 50

Porcs (*Du traitement des*) aux différentes époques de l'année, Extrait des meilleurs ouvrages anglais, par J.-A. G. *Nouvelle édition* corrigée et augmentée par l'éditeur. 1 vol. in-18, orné de 65 fig. 2 fr.

Poules et Poulets (*Education des*), par Alexis ESPANET 4e édit., revue et corrigée par l'éditeur. 1 vol. in-18, orné de 27 fig. 1 fr.

Prairies et fourrages dans les terres fortes et argileuses du Midi (*Traité pratique*), par SAINT-FÉLIX. 1804. 1 vol. in-18. 1 fr.

Sang de rate des animaux d'espèces ovine et bovine, pr Isidore PIERRE. In-18.— *Couronné par la Société protectrice des animaux.* 1 fr.

Sorgho à sucre (*Guide au distillateur du*), pr BOURDAIS. In-18. 1 f.

Tabac. — Culture, récolte; modes de dessiccation; séchoirs, conservation, etc., par DE MOOR. 2e édit. 1 vol. in-18, orné de 20 fig. 2 50

Topinambour. — Culture, alcoolisation et panification de ce tubercule, par DELBETZ. 1 vol. in-18. 1 25
Approuvé par la Commission des bibliothèques scolaires.

Végétaux (*De la nutrition des*), considérée dans ses rapports avec les assolements, par le baron DE BABO. 1 vol. in-18. 1 fr.

Vigne. — Culture en pleins champs, en treille et dans les petits jardins. 1 vol. in-18, avec fig. dans le texte. 1 50

Vigne. — Culture pratique de la vigne en Côte-d'Or, et vinification, par E. CORNU. 1 vol. in-18, orné de 22 fig. dans le texte. 1 50

Vigne (*Nouvelle culture de la*) en plein champ, sans échalas ni attaches, par TROUILLET. 4e édition. In-18, avec 15 gravures. 2 50

Vigne (*Régénération de la*), par une nouvelle plantation, par E. TROUILLET, 2e édition. In-18. 75 c.

Abeilles, Agriculture, Amendements, Bois, Cubage, Fumiers, Oiseaux de basse-cour, Vers à soie, etc.

Abeilles (*Causeries sur la culture des*), par FROISSART. 4e éd. 3 fr.

Abeilles, leur culture, par JANNEL. 1 vol. in-18, fig. 1 fr.

Abeilles. — Quelques mots sur la culture des abeilles, par D. HALLEUX. In-8o de 14 figures. 1 fr.

Agriculture. — Cours à l'usage des praticiens et des élèves des écoles, par RAQUET 2e édit. 1 vol. in-18, orné de 43 fig. 2 fr.

Agriculture de la Haute-Saône, par FASQUELLE In-18. 3 fr.

Agriculture et horticulture des Chinois (*Recherches sur l'*) et sur les végétaux, les animaux, les procédés agricoles que l'on pourrait introduire avec avantage dans l'Europe occidentale et le nord de l'Afrique, par le baron d'HERVÉ-ST-DENIS. 1830. 1 v. in-8o. 4 f.

Agriculture pratique (*Eléments d'*) ou traité de la connaissance des terres, des engrais, des instruments aratoires; de la culture des céréales, des plantes sarclées : textiles, oléagineuses et tinctoriales; des prairies naturelles et artificielles, par DAVID LOW, traduit par LAINÉ. 1838. 2 vol. in 8o, ornés de 205 fig. 12 fr.

Agriculture et Horticulture, par PIETON et LECOINTE. 1 50

Ajonc ou genet épineux; culture, usages, application à la nourriture des bestiaux, par WEDLAKE. 1857. In-8o. 1 50

Alcool de Betterave, sa fabrication, par GASPARD, suivi de l'extraction de la potasse et des sels alcalins contenus dans les résidus de la distillation, par LORMÉ. 1856. In-8o avec fig. 1 50

Animaux (*Recherches expérimentales sur l'alimentation et la respiration des*), par J. ALLIBERT. In-8o. 1 50

Apiculteur alsacien, par F. BASTIAN. In-8o. 80 c.

Apiculture (*Cours pratique d'*), professé au jardin du Luxembourg par HAMET. 6e édit. 1 vol. in-18, orné de 140 fig. dans le texte. 3 50

Apiculture. — Petit cours, par CH. DADANT. 2e édition. 1 vol. in-18 avec planches. 2 fr.

Apiculture. — Manuel pratique d'apiculture ou résumé des travaux qu'exige le soin des abeilles, par J. WEBER. In-18. 33 fig. 1 fr.

Apiculture pratique, mise à la portée de tous les apiculteurs et augmentée de nouvelles méthodes et observations, par J. BEAUDET, 1 vol. in-18, orné de planches hors texte. 2 50

Arpentage et nivellement. — Traité pratique, par LECLERC et TOUSSAINT. 3e édit. 1 vol. in-18, orné de 126 fig. et 2 planches. 2 50

Bétail. — Traité de l'alimentation du bétail, par E. DUROSELLE. In-18. 1 50

Bétail (*Traité d'alimentation du*). 1 vol. in-8o, par CREVAT. 5 fr.

Bête bovine. — Le type accompli de la bête bovine, par A. KRAEMER In-8o orné de 28 fig. 2 fr.

Blé à 27 fr. les 100 kilos, par DEVEAUX. 1 50

Blé. — Traité sur la vente des grains à la mesure, au poids de l'hectolitre ou au quintal métrique, suivi de tableaux appréciateurs de la valeur des grains suivant la variation de chaque qualité, par HUBAINE. In-4o. 2 50

Bœuf. — Connaissance générale du bœuf, étude de zootechnie pratique sur les races bovines de la France, de l'Algérie, de l'Angleterre, de l'Allemagne, de la Suisse, de la Russie et de la Belgique, par MOLL. 1 vol. in-8o avec atlas de 83 planches. 10 fr.

Bois. — Traité général de la culture et de l'exploitation des bois. par THOMAS, 1840. 2 vol. in-8°. 10 fr.

Bois. — Cubage des bois et tarifs métriques pour cuber les bois carrés ou de charpente, les bois en grume au 5e et au 6e réduit, ainsi que les bois au quart sans déduction, par GUSSOT. In-8° 50 c.

Boisement et reboisement des montagnes, landes et terrains incultes. — Traité pratique par LEVASSEUR. In-8°. 1 25

Boisement et reboisement des terrains pauvres et même stériles, par QUÉHEN-MALLET. 1 vol. in-18. 2 50

Brasseur. — Méthode pratique pour faire la bière, contenant les meilleurs procédés de cette fabrication, suivie d'un traité sur la plantation du houblon, par KOLB, 1832. 1 vol. in-12. 2 50

Bruyères. — Leur défrichement et particulièrement des landes sablonneuses de la Campine, par Phocas LEJEUNE. 1 vol. in-18. 1 50

Chênes en taillis à écorces. Semis et culture, par J. KOLTZ. 1 vol. in-18 orné de 30 figures dans le texte. 75 c.

Chêne Liège. — Culture, exploitation et aménagement, en France et en Algérie, par A. ROUSSET, garde général des forêts. In-8°. de 80 pages. 2 50

Cidre. — Traité élémentaire et pratique de fabrication et de conservation ; choix et plantation des meilleures variétés de pommiers et de poiriers ; eaux-de-vie de cidre, par HAUCHECORNE, 1 vol. in-8. 2 fr.

Cidre et Poiré, guide élémentaire et pratique pour la fabrication du Cidre et du Poiré ; la culture du Pommier à cidre, par J. LEFÈVRE. 1 vol. petit in-18 avec planches, 1 50

Crédit. — Des conditions du crédit appliqué à l'agriculture, par Ch. RIVET, ancien député. In-8°. 1 fr.

Culture rationnelle. — Simple causerie sur la culture rationnelle agricole, horticole et maraichère, l'achat et l'emploi des engrais chimiques, par VALLÉE. In-18. 75 c.

Distillateur pratique. — Traité de distillation indispensable aux propriétaires, cultivateurs, vignerons, bouilleurs de cru, etc. ; par VIGNERON. 1 vol. in-18, orné de fig. 2 fr.

Eaux-de-vie de grains et de pommes de terre. — Instruction théorique et pratique sur leur fabrication et l'emploi de leurs résidus pour la nourriture des bestiaux, par MATHIEU DE DOMBASLE. 2e édit. in-8° avec planche. 2 fr.

Eclosion et élevage artificiels des oiseaux de chasse et de basse-cour, par les hydro-incubateurs et hydro-mères ROULLIER et ARNOULT. 4e édit. 1 vol. in-18, orné de fig. dans le texte. 1 25

Economie rurale. — Cours professé à l'Institut agricole de Hohenheim, par GŒRITZ, trad. par RIEFFEL, 1850. 2 vol. in-8° ornés de 5 planches. 12 fr.

Elagage des essences forestières. — Taillis, futaies, baliveaux, etc., la tonte des haies et l'émondage des conifères, par J. VAN HULLE. In-8°, orné de 15 figures. 1 fr.

Engrais. — Ouvrage comprenant l'alimentation des plantes, les fumiers, engrais des villes, engrais végétaux, engrais azotés et engrais phosphatés, par MUNTZ et GIRARD. 3 vol. in 8°, ornés de fig. 18 fr.

Causeries agricoles, par DEVEAUX. 2 fr.

Cultures, manuel pour la Provence et le Midi de la France, par GUEIDAN. 3 fr.

Comptabilité agricole, par Emile JULIEN. 2 fr.

Engrais complémentaires du commerce et de l'industrie (*Achat des*), par C. FASQUELLE. Brochure in-8°. 1 fr.

Fortune dans l'eau (*Une*). Comment peut-on faire d'un marais une prairie de bonne nature ? Par l'assainissement et le phosphate de chaux, pr A. RIVET, secr. du comice de Mézières. 2e éd., in-8°. 60 c.

Fours économiques à circulation d'air chaud, par A. CASTERMANN. 1 vol. grand in-8° avec 5 pl., 2e édit. Bruxelles. 2 50

Fromage de Hollande, sa fabrication, pr LE SÉNÉCHAL. In-18. 50 c.
Fait partie de l'*Almanach de l'Agriculteur praticien* pour 1865.

Garances. — Culture, chimie et commerce, par BASTET, 1836, 1 vol. in-8°. 2 50

Guanos naturels. — Etude sur les guanos naturels en général et sur le guano du Pérou en particulier, par CRUSSARD. In-8° 40 c.

Haies d'agrément ou de défense. Art d'élever le plant de l'épine ; de la formation des haies, etc, par QUÉHEN-MALLET. In-18. 10 fig. 1 50

Herbages et Prairies naturelles, par BOITEL. 1 vol. in-8°, orné de 120 fig. 8 fr.

Indigotier. — Art de l'indigotier ou traité des indigofères tinctoriaux Culture, récolte et fabrication de l'indigo, etc., par PERROTTET; 1842. 1 vol. in-8°, orné d'une planche 3 fr.

Irrigations, comprenant les eaux d'irrigation, les machines, les canaux et les systèmes d'irrigation, par RONNA, 3 vol. in-8°, ornés de 191 fig. 18 fr.

Laiterie (*La*). — Art de fabriquer le beurre et les principaux fromages français et étrangers, par POURIAU, 4e éd. In-18, 200 fig. 7 50

Lapin-Bélier. — Manuel spécial pour leur élevage d'après la méthode suivie avec un plein succès à l'orphelinat agricole de Saint-Martin, 1 vol. in-18. 1 50

Lapin domestique(*Instruction élémentaire pour élever le*) In-18. 50 c
Fait partie de l'*Almanach de l'Agriculteur praticien* pour 1861.

Lin. Culture et différents modes de rouissage, par DE MOOR. 1 vol. in-18 orné de 14 fig. dans le texte. 75 c.

Livre de la Ferme (*Le*) et des Maisons de campagne, publié sous la direction de JOIGNEAUX. 4e édit. 2 v. gd in-8, ornés de fig. 32 fr.

Lois naturelles de l'agriculture. par LIEBIG. 2 vol in 8° 10 f.

Lupin. Sa culture et ses usages, par KLOTZ. 1 vol in-18. 1 fr.

Maison rustique des Dames, par Mme MILLET-ROBINET. 13e édit. 2 vol. in-18 ornés de 269 grav. 7 75

Maison rustique du XIXe siècle, publiée sous la direction de MM. BAILLY, BIXIO et MALEPEYRE. 5 vol. gd in-8°, 2,500 grav. 39 50

Maltage pratique, par CHATELAIN et VOLLIER, 3e édit. 1862 In-8°. 2 fr.

Médoc. — Observations sur la culture de cette contrée, suivies de la manière de soigner les vins, par JOUBERT. 1851. In-8°. 2 50

Meunerie française (*La*) et les procédés nouveaux appliqués par la meunerie étrangère, par KREMER, In-8° avec 5 pl. 4 fr.

Moudre (*Art de*), ou mémoire sur les moyens employés pour empêcher que la chaleur produite par la pression et le frottement des meules soit préjudiciable à la farine, pr VAN LERBERGHE. 1849. In-8° 1 50

Mûriers et vers à soie. Production, industrie, commerce de la soie, par A. GOBIN, 1 vol. in-18 de 270 pages, orné de 36 fig. 3 50

Oiseaux de basse-cour (*Traité des*), d'agrément et de produit, par A. GOBIN, 2e édit. 1 vol in-18 orné de 93 fig. 3 50

Olivier. — Culture et produits, par RAIBAUD-LANGE. In-8° de 92 p. 2 fr.

Paturage et alimentation à l'étable, et utilisation des fourrages obtenus par différents modes de préparation, par WEISKE. In-18. 75 c.

Phylloxera. — Destruction infaillible, disparition forcée par l'antiphylloxérique, etc., par L. CHASSIGNOLLE. Brochure in-8° 1 fr.

Plantes vénéneuses, considérées au point de vue de l'empoisonnement des animaux de la ferme pr CORNEVIN, in-8° avec fig. 6 fr.

Pigeons de volière, de colombier, messagers, etc., par GOBIN, 1 vol. in-18 orné de 46 fig. 3 fr.

Pisciculture. — Etudes historiques et pratiques par le vicomte H. DE BEAUMONT, 1 vol. in-18, avec fig. dans le texte. 3 50

Pisciculture pratique. — Traité des procédés de multiplication naturelle et artificielle des poissons, par FRAICHE, 1 vol. 9 fig. 2 fr.

Pomme de terre. Sa culture dans les champs, les jardins, etc., par QUÉHEN-MALLET. 3e édit., 1 vol. in-18. 1 50

Pomme en Normandie. Culture et fabrication du cidre, par LESUEUR. In-18. 75 c.

Pommier à cidre, sa culture ; plantation et ébranchage des arbres à haute futaie, par LACAILLE. 1 vol. in-18 cart. 1 50

Pommier et Cidre. — Guide pratique pour la culture du Pommier et la fabrication du cidre, par BRASSART. 8e édit in-18. 2 50

Poulailler (*Le*). — Monographie des poules indigènes et exotiques, par Ch JACQUE. 2e édit. 1 vol. in-18 orné de 117 grav. 3 50

Prairies (*Notes sur les*), par C. FASQUELLE. Brochure in 8. 50 c.

Reboisement (*Traité du*), ou manuel du Planteur, par H. BAZELAIRE. 2e édit. 1 vol. in-18. 1 25

Reproduction en Zootechnie. — Croisement, sélection, métissage, par BARON. 1 vol. in-8o. orné de 56 fig. 6 fr.

Ruche (*La*). Méthode nouvelle essentiellement pratique, par A. VIGNOLE. 2e édit., 1 vol. in-8o, orné de fig. 3 fr.

Ruche de Cœuvres. — Petit traité d'apiculture pratique, pour la conduite des ruches à cadres mobiles, par DECIRY. 2e édit., in-18. 28 fig. 1 10

Rucher. — Vingt ans auprès d'un rucher, ou cours d'apiculture rationnelle en 8 leçons purement pratique et mise à la portée de tous, par un apiphile. 1 vol. in-18. 1 50

Sel. Son emploi démontré par la pratique, à l'usage des cultivateurs et des fermiers In-8o. 60 c.

Sorgho (*Composition chimique et extraction du sucre de la canne de*), par Paul MADINIER. In-8. 60 c.

Sorgho sucré (*Le*), sa culture comme plante fourragère et comme plante alcoolisable et saccharine, par Louis HERVÉ. In-8. 60 c.

Taupier (*L'art du*), ou Méthode amusante et infaillible pour prendre les taupes, par DRALET, 17e édit., 1 vol. in-12, fig. 1 50

Par M. ROBINET

- **Cocon.** — Nouvelles études sur le cocon. 1856. In-8. 1 fr.
- **Cocons.** — Procédé pour le battage des cocons, ou moyen d'obtenir des cocons le plus de soie possible. 1843. In-8. 1 fr.
- **Soie.** — Mémoire sur la filature 1839. 1 vol. in-8 avec 7 pl. 4 50
- **Vers à soie.** — De l'influence des phénomènes météorologiques sur les éducations des vers à soie. 1850. In-8. 1 fr.

Vigne. — Résumé des opérations à suivre pendant le cours de la végétation de la vigne et Etude de la rupture des bourgeons à l'état herbacé, pr E. TROUILLET. 2e éd. Tableau in-fo, fig. et texte. 60 c.

Vigne. — Culture de la vigne et fabrication du vin dans la Moselle, par DUFOUR. 1851. 1 vol. in-18. 1 25

Vigne. — Manuel pratique du Vigneron comprenant un abrégé sur la culture de la Vigne, ses maladies et les maladies des vins, par J. BONJOUR. In-18. orné de fig. et de planches. 1 fr.

Vigne (*La*) **et le Phylloxera.** Culture de la vigne pour la préserver de la décrépitude et du Phylloxera, par QUÉHEN-MALLET. In-18. 1 fr.

Ouvrages de M. Georges Ville

La production végétale et les engrais chimiques (conférences de Vincennes), 3e édition. 1890. 1 vol. grand in-8o, avec fig. et tableaux. 8 fr.

Le propriétaire devant sa ferme délaissée (conférences de Bruxelles). 4e édit. 1890. 1 vol. in-18. 2 fr.

Les engrais chimiques (conférences de Bruxelles), 2e édit. 1890 1 vol. in-18. 2 fr.

Les engrais chimiques. — Entretiens agricoles donnés au champ d'expériences de Vincennes.

I. Les principes et la théorie. 1890 1 vol. in-18, avec tableaux 3 50
II. Les cultures spéciales. 1890. 1 vol. in-18, avec tableaux. 3 50
III. Le fumier et le bétail. 1890. 1 vol. in-18. 3 50

Ecole des engrais chimiques, premières notions de l'emploi des agents de fertilité. 6e édit. 1 vol. in-18. 1 fr.

Vin. — Art de faire le vin. — Influence du climat et du sol sur le raisin ; de la vendange ; de la fermentation, de l'alcool ; de la coloration ; du décuvage, des maladies, etc., par CHAPTAL ; 3e édit. revue par de VALCOURT. 1839. 1 vol. in-8 avec pl. 6 fr.

Vinification. — Nouvelle méthode de culture de la vigne et fermentation vineuse, suivie de l'art de faire le meilleur vin possible par un procédé nouveau, par AUBERGIER. 1825. 1 vol. in-12. 2 50

Vins. — Traité pratique, par MACHARD. 5e édit. 1 vol. in-18. 3 50

Bibliothèque de l'Horticulteur praticien

Encouragée par MM. les Ministres de l'Agriculture et du Commerce et de l'Instruction publique.

Aide-Mémoire pour les semis et travaux divers à faire pendant les douze mois de l'année dans le *Jardin fleuriste*, par A. GOIN. 1 vol. in-18 (*sous presse*).

Aide-Mémoire pour les semis et travaux divers à faire pendant les douze mois de l'année dans le *Jardin potager*, par A. GOIN. 1 vol. in-18 (*sous presse*).

Almanach du Jardinier fleuriste, suivi de notes sur le jardin potager. 1 vol. in-18 avec fig. dans le texte. Les années 1861, 1863, 1868, 1869, 1871-72, 1873, seules sont disponibles, chaque. 50 c.

Ananas à fruit comestible. — Culture actuelle comparée à l'ancienne culture, suivie d'une notice sur la culture forcée du fraisier, pr GONTIER. In-32 orné de 13 fig. dans le texte et hors texte 3 fr.

Arboriculture. — Manuel pratique renfermant ce que les meilleurs auteurs et les praticiens ont dit de mieux sur le *défoncement*, la *plantation*, les *formes*, la *taille* et la *mise à fruit* des arbres fruitiers, par l'abbé RAOUL (*Nouvelle édition en préparation*).

Approuvé par la Commission des bibliothèques scolaires.

Arboriculture des Ecoles primaires ou *Notions d'arboriculture fruitière* mises à la portée des enfants, par J. BRÉMOND, 3e édit. 2e *tirage*. 1 vol in-18 et atlas de 107 fig. 2 fr.

Approuvé par la Commission des bibliothèques scolaires.

Arbres fruitiers. — Conseils sur le choix, la culture et la taille, pouvant convenir aux provinces du nord, de l'est, de l'ouest et du centre de la France, pr le Cte DE LAMBERTYE, in-18, orné de 33 fig. 1 fr.

Approuvé par la Commission des bibliothèques scolaires.

Artichauts et Cardons. Leur culture, par un horticulteur. In-18, avec fig. 60 c.

Asperges (*Semis, plantation et culture des*). Méthode d'Argenteuil, etc., par BOSSIN, 4e édit., revue et corrigée par l'éditeur, 1 vol. in-18, avec fig. 1 fr.

Asperges. — Culture ordinaire et forcée ; semis, plantation et cueillette, par LENORMAND, 1 vol. in-18, orné de 11 gravures dans le texte, et d'un plan d'aspergerie. 1 fr.

Botaniste et herboriste (*Petit Manuel du*), donnant la description de 220 plantes officinales, suivi de principes de médecine, de pharmacie, d'hygiène et d'économie domestique, etc., par L. T., F. M. et P. M., 3e édit., revue et corrigée par l'éditeur, 1 vol. in-18, orné de 80 fig. 2 50

Bouturer, greffer, marcotter et semer (*Guide pour*) les plantes d'ornement, annuelles ou vivaces, arbres et arbustes, extrait en partie du *Jardin fleuriste*, 2e édit., complétée par l'éditeur. In-18, orné de 35 fig. 1 fr.

Cactées. — Leur culture, suivie d'une description des principales espèces et variétés, par PALMER. In-18, orné de 33 fig. 2 fr.

Canna. — Histoire, culture et multiplication, par CHATÉ. 1 vol. in-32, orné d'une fig. hors texte. 1 50.

Champignon. — Sa culture en plein air, dans les caves et dans les carrières, par LAIZIER. 1 vol. in-18, orné de 7 fig. 60 c.

Champignons (*Culture des*), avec l'indication d'une nouvelle méthode pour en obtenir en tous lieux par l'emploi de la mousse, par SALLE, 5e éd., revue et complétée par l'éditeur. In-18, 20 fig. 1 f.

Champignon comestible. — Instructions pratiques sur sa culture, par JACQUIN aîné. In-18 de 24 pages. 60 c.

Champignons comestibles et vénéneux de France. — Guide pour les reconnaître, par ELOFFE (KRŒNISHFRANCK). 1 vol. in-32, orné de 11 planches donnant la figure de 114 champignons coloriés. 5 fr.

Chrysanthème. — Culture et multiplication, par un amateur, revue par M. HARIOT. 1 vol. in-18. (*En préparation.*)

Cinéraires. — Culture et multiplication, par CHATÉ, 1 vol. in-32 orné d'une figure hors texte. 50 c.

Conifères de petites et grandes dimensions. — Culture ornementale et forestière, par MORLET, 1 vol. in-18. 3 50

Cyclamen. — Culture et multiplication, par un amateur. In-18. 50 c.

Entomologie horticole, comprenant l'*Histoire des insectes nuisibles à l'horticulture*, par BOISDUVAL. In-8o, 425 fig. 6 fr.

Engrais en horticulture, par Anatole CORDONNIER. 50 c.

Fleurs de pleine terre et de fenêtres. — Conseils sur leur culture, pouvant convenir au nord, à l'est, a l'ouest et au centre de la France, par le comte DE LAMBERTYE. 2e édit. In-18. 1 fr.

Approuvé par la Commission des bibliothèques scolaires.

Fraisier. — Culture en pleine terre suivie d'un choix des meilleures variétés à cultiver, par le comte DE LAMBERTYE. In-18. 1 fr.

Approuvé par la Commission des bibliothèques scolaires.

Fraisier. — Culture forcée par le thermosiphon, par le comte DE LAMBERTYE. 1 vol. in-18, fig. 1 25

Fuchsia. — Histoire et culture, suivie de la description de 540 espèces et variétés, par F. PORCHER. 4e édit. 1 vol. in-18. 2 fr.

Géranium et Pélargonium. — Multiplication et culture, par MALLET et VERLOT. 1 fr.

Graminées. — Choix et culture de graminées propres à l'ensemencement des pelouses et des prairies, par COURTOIS-GÉRARD, 1 vol. in-32, orné de 19 fig. hors texte. 1 fr.

Jardin fleuriste (*Le*). — Instruction pour la culture des plantes annuelles, bi-annuelles, vivaces ; plantes à feuilles ornementales ; oignons à fleurs ; arbres et arbustes, par LEMAIRE, LEQUIEN, BOSSIN, BERNARDIN, CARRIÈRE, comte DU BUYSSON, PALMER, PORCHER, RIVIÈRE père et fils, etc., revue et complétée par l'éditeur. 5e édit., 1 vol. in-10, orné de 250 fig. 3 50

Jardinage. — Eléments du jardinage pouvant convenir aux provinces du nord, de l'est, de l'ouest et du centre de la France, par le comte DE LAMBERTYE. 1 vol in-12 avec fig dans le texte. 1 fr.

Approuvé par la Commission des bibliothèques scolaires.

Jardinier illustré (*Le Nouveau*) **pour 1897.** — Ouvrage pratique pour la culture et la taille des arbres fruitiers ; la culture en pleine terre et forcée, des légumes ; des plantes de pleine terre, de serre froide et tempérée, de serre chaude, par MM HÉRINCQ, LAVALLÉE, NEUMANN, VERLOT, COURTOIS-GÉRARD, PAVARD, CELS et BUREL, revu et corrigé par l'éditeur. 3e édit, 1 vol. in-18 de 1,760 pages, orné de 580 figures dans le texte. 7 fr.

La 1re édition de cet ouvrage a paru en **1865**.

Approuvé par la Commission des bibliothèques scolaires.

Lantanas. — Culture et multiplication, par CHATÉ. 1 vol. in-32. 50 c.

Légumes. — Conseils sur les semis de graines de légumes, offerts aux habitants de la campagne, par le comte DE LAMBERTYE, 4e édit. In-18 1 fr.

Approuvé par la Commission des bibliothèques scolaires.

Légumes. — Conseils sur les semis et la culture des légumes en pleine terre, offerts aux habitants des départements du Rhône, de l'Ain, de la Loire et de Saône-et-Loire, par le comte DE LAMBERTYE. 1 vol. in-18. 1 fr.

Légumes et Fleurs. — Conseils sur la culture de légumes et fleurs sous un, deux ou trois châssis, pendant les douze mois de l'année, par le comte DE LAMBERTYE. 1 vol. in-18, orné de fig. 1 fr.

Approuvé par la Commission des bibliothèques scolaires.

Melon. — Culture simple et précise par laquelle on obtient des melons d'une grosseur extraordinaire, d'une qualité et d'un goût exquis, par DUFOUR DE VILLEROSE, 4e édit. complétée par l'éditeur. In-18, 23 fig. 1 fr.

Approuvé par la Commission des bibliothèques scolaires.

Melon : *Concombre vert long ; Concombre cornichon ; Courge à la moelle et Potiron vert d'Espagne.* — Conseils sur leur culture à l'air libre, par le comte de LAMBERTYE. 1 vol, in-18, orné de 18 fig. 1 fr.

Approuvé par la Commission des bibliothèques scolaires.

Melon. — Instructions pratiques sur sa culture sous châssis, sous cloche et en pleine terre, par MARTIN JACQUIN. In-18 de 36 p. 60 c.

Melon et Concombre. — Culture forcée par le thermosiphon, par le comte DE LAMBERTYE. In-8o, fig. 1 25

Œillet. — Culture, etc. 1 vol. in-18 avec fig. 1 fr.

Palmiers (*Les*) de plein air de la France, par J.-B. CHABAUD, jardinier botaniste. In-18, orné de 15 fig. dans le texte. (*En préparation.*)

Pêcher. — La direction des arbres par le *pincement des feuilles*, et notamment du pêcher, par GRIN, 3e éd. In-18, orné de 6 fig. 1 fr.

Pêcher en espalier. — Culture, plantation, taille et direction, démontrées par 125 figures dessinées et accompagnées d'un texte descriptif, par E. COUTURIER, ancien arboriculteur à Montreuil, etc. 1 vol. in-8o. 3 50

Phlox. — Culture et multiplication, par LIERVAL. 1 vol. in-32, orné de 5 fig. hors texte. 1 fr.

Plantes aquatiques. — Multiplication et culture, par HÉLYÉ. 1 vol. in-32, orné de 16 gravures dans le texte et hors texte. 1 50

Plantes de pleine terre, annuelles, bi-annuelles et vivaces (*Culture des*) par MARTIN JACQUIN, 1 vol. in-18 de 100 p. 1 50

Plantes molles de pleine terre : *Géranium, Héliotrope, Pensée, Pétunia, Verveine.* Culture pratique, F. DU BUYSSON. In-18, fig. 1 fr.

Pommes de terre. — Choix, culture ordinaire et forcée ; culture hivernale ; récolte et conservation, par COURTOIS-GÉRARD. Nouvelle édition, revue et augmentée. In-18. 1 fr.

Reine-Marguerite (*Culture de la*), par MALINGRE. In-18. 40 c.

Rosier. — Culture, multiplication et taille, par un amateur. 1 vol. in-18 orné de 38 fig. dans le texte. 1 50

Rosier. — Culture forcée, suivie de la culture en pots et en plein air, et de la *culture forcée du Lilas*, par un horticulteur. In-18. 50 c.

Rosier. — Semis, culture et taille, suivi de la *Taille des Ar-*

bustes d'agrément, de pleine terre et de l'Oranger, par Forney, 4ᵉ éd. 1 vol. in-18, 50 fig. 2 fr.

Rosiériste. — Aide-mémoire pour les soins à donner aux rosiers forcés et de pleine terre pendant toute l'année. In-18. 50 c.

Tomate et Haricot. — Culture forcée par le thermosiphon, par le comte de Lambertye. In-8ᵒ, fig. 1 25

Verveines. — Culture et multiplication, par Chaté. 1 vol. in-32. 50 c.

Vigne. — Culture forcée, par le Cᵗᵉ de Lambertye. In-8ᵒ, fig. 1 25

Arbres fruitiers, Botanique, Culture potagère, Jardinage

Almanach Gressent pour 1897, contenant les principes élémentaires d'*Arboriculture* et de *Potager*, par Gressent. In-18. 50 c.

Les années 1867, 1869, 1870, 1876, 1878, 1879, 1881, 1884 et 1886, chaque 75 c.

Arboriculture (*L'*) **fruitière,** comprenant la culture *intensive* et *extensive* des fruits de table, etc., par Gressent, 10ᵉ édit. 1 vol. in-18 avec 430 fig. dans le texte. 7 fr.

Arboriculture fruitière. — Cours pratique, par le frère Henri, 2ᵉ édit. 1 vol. in-8ᵒ orné de 197 fig. et 2 pl. 5 fr.

Arbres d'agrément. — Traité de la taille des grands arbres plantés en bordure des chemins, sur les places publiques, allées d'avenues, massifs, suivi de celle de l'amandier, du noyer et du châtaignier, par J. Gautier. 1 vol. in-8ᵒ orné de 18 fig. 2 fr.

Arbres fruitiers. — Conseils sur le choix et la forme des arbres avant la plantation, suivis d'un traité sur leur culture et leur restauration, par l'abbé Lefèvre. 7ᵉ éd. 1 vol. in-18 orné de pl. 2 fr.

Arbres et arbrisseaux à fruits de table. 6ᵉ édit du *Cours d'arboriculture*, par Dubreuil 2 vol. in-18 ornés de 748 fig. 11 50

Arbres fruitiers (*Instruction élémentaire sur la conduite des*), par Dubreuil, 9ᵉ édit. 1 vol. in-18, fig. 2 50

Arbres fruitiers. — Instructions pratiques sur la taille et la conduite des arbres fruitiers, par Charollois. In-8ᵒ avec pl. 1 50

Arbres fruitiers. — Manuel populaire de culture, marcottage, bouturage, greffage et taille, par P. Joigneaux. In-18, 111 fig. 2 50

Arbres fruitiers (*Taille raisonnée des*), par J. Hardy, 8ᵉ édition. 1 vol. in-8ᵒ avec 134 figures.

Architecte paysagiste (*L'*). — Théorie et pratique de la création des *Parcs et Jardins :* — Cours d'aquarelle en quatre leçons, accompagné de 4 chromo-lithographies : — Notions usuelles de droit ; — Comptabilité des travaux, par A. Péan In-8ᵒ, 132 fig. 20 fr.

Asperges. — Culture industrielle et hivernale, suivie de la manière d'en faire des conserves, par P. Ronceray. In-8ᵒ. 1 25

Asperge. — Culture à la charrue. Résultat obtenu dans un sol de médiocre qualité, bénéfice net, 6,000 fr. à l'hect , par A. Vauvel. 2ᵉ édition. 1 vol in-18. 1 fr.

Asperges d'Argenteuil. — Instructions générales sur leur culture, par L Lhérault. In-18 de 48 pages 1 fr.

Botanique des demoiselles, par Boitard, 1 vol. in-8ᵒ orné de 64 pl. contenant 1,000 figures noires représentant les caractères généraux et spécifiques des plantes. 6 fr.

Botanique populaire contenant l'histoire complète de toutes les parties des plantes, etc., par H. Lecoq. In-18 orné de 215 fig. 3 50

Botanique. — Traité général de botanique descriptive et analytique, par Lemaout et Decaisne. 2ᵉ éd. In-4ᵒ orné de 5,500 fig. 30 fr.

Chasselas. — Traité pratique de la culture du chasselas à Thomery, par J. Bureau, 2ᵉ édit. augmentée d'un chapitre sur les maladies de la vigne. In-8ᵒ de 30 pages orné de 3 figures. 1 50

Chrysanthème, par Cordonnier. 2 50

Chrysanthème, sa culture, par CUVELIER. 1 v. orné de 10 fig. 1 50

Chrysanthèmes (*Les*). — Description, culture, emploi, par C. BELLAIR et V. BÉRAT. 1 vol. in-18 orné de 21 fig. 2 fr.

Chrysanthèmes d'hiver. — Liste descriptive, par G. DE MEURENAERE. In-18 oblong, cart. 1 50

Culture maraîchère. — Traité pratique, par le frère HENRI. 1 vol. in-18 orné de 2 planches. 4 fr.

Culture maraîchère à sol ouvert, par J. NANOT. In-8°. 50 c.

Culture potagère à la portée de tous, par BURVENICH. 2e éd. 1 vol. in-18 orné de figures. 3 50

Cypripédium, Sélénipédium et **Uropédium** (*Magnographie des*), comprenant la description de toutes les espèces, variétés et hybrides existant jusqu'à ce jour, par DESBOIS. In-18, 7 fig. 1 50

Figuier blanc d'Argenteuil. — Sa culture, par L. LHÉRAULT. In-18 de 24 pages. 50 c.

Fleurs. — Grand assortiment de planches coloriées, à 20, 30 et 40 c. la planche, au choix.

Fleurs (*Guide pratique pour la culture des*), par le frère HENRI. 1 50

Fleurs de pleine terre (*Les*). — Description et culture, par VILMORIN-ANDRIEUX, 3e édit. 1 fort vol. petit in-8° avec supplément orné de près de 1,400 gr. 16 fr.

Flore de la Côte-d'Or ou description des plantes indigènes cultivées et acclimatées dans ce département, par LOREY et DURET, 1831. 2 vol. in-8°. 8 fr.

Fougères de serre et de pleine terre. — Traité théorique et pratique pour leur culture, par J. WOLFF. 1 vol. in-18. 1 25

Fraisier. — Sa culture commerciale, p. MULIÉ. In-18 orné de fig. 1 f.

Fruits. — Grand assortiment de planches coloriées à 25 et 50 c. la planche, au choix

Fruits. — Traité complet des fruits de toute espèce, comprenant la description des fruits tant indigènes qu'exotiques, leur emploi dans l'alimentation, l'économie domestique, la médecine et les arts, leur conservation par les divers procédés connus, leur amélioration par l'influence des engrais ; des semis, de la taille des arbres, de l'incision annulaire, etc., par COUVERCHEL, 1852. 1 vol. in-8° 7 50

Fruits de choix. — Description, culture et commerce des variétés les plus intéressantes à cultiver dans les vergers et les jardins, par G. MICHELS. 2e édition, 1 vol. in-18 orné de 35 figures dans le texte, accompagné d'un tableau composé de 47 fruits divers de grandeur naturelle et coloriés. — Prix : 3 fr. 50 ; *franco* 4 fr.

Horticulteur français (*L'*). — Journal des amateurs et des intérêts horticoles, publié sous la direction de F. HÉRINCQ, depuis l'année 1852 jusqu'à la fin de 1872. 31 vol. in-8°, accompagnés de 450 planches col. environ. Au lieu de 210 fr. 150 fr.

Il ne reste plus que 8 collections complètes de disponibles. Les volumes séparés 7 fr., *franco*.

Jardins. — Manuel de l'amateur des jardins. Traité général d'horticulture, par DECAISNE NAUDIN. 4 vol. in-8° ornés de 537 fig. 30 fr.

Jardins (*Traité de la composition et de l'ornement des*), avec 161 pl. représentant, en plus de 600 fig., des plans de jardins, des machines pour élever les eaux, etc., 6e éd. 2 v. in-4° oblong. 25 fr.

Jardin fruitier. — Le nouveau Jardin fruitier, dédié aux jeunes cultivateurs, par CHEVALIER. In-18 orné de fig. 1 fr.

Jardins fruitiers et potagers. (*Instructions pour les*), par DE LA QUINTINYE, extraites de l'édition publiée en 1697, et accompagnées de notes sur les nouveaux modes de culture, de forme et de conduite d'arbres fruitiers. 1 vol. in-8° orné de fig. 3 50

Orchidées. — Traité théorique et pratique sur la culture des orchidées, par le comte F. DU BUYSSON. 1 vol. in-8°. 6 fr.

Le manuscrit de cet ouvrage a été couronné en 1875, à l'Exp. intern. de Cologne.

Orchidées. — Structure, histoire et culture, par LEWIS CASTLE. 1 vol. in-18 cart. fig. 3 fr.

Parcs et Jardins. — Prix de règlement ou tarif des travaux de jardinage, de plantations, d'exploitation des forêts, etc., par LECOQ, architecte de parcs, 1859. In-8°. 3 fr.

Parcs et Jardins. — Série de prix applicable aux travaux de Parcs et Jardins, établie par la Chambre syndicale des architectes-paysagistes, entrepreneurs de jardins et horticulteurs de France. 1re édit., 1881. 1 vol. in-8°. 5 fr.

Parcs et Jardins. — Traité complet de la création des parcs et des jardins paysagers, de la culture des arbres d'ornement, etc., par GRESSENT. 4e édit. in-18 orné de 291 fig. dans le texte. 7 fr.

Patates, leur culture à la portée de tout le monde, par M. JOURDAN. In-8° 40 c.

Plantes potagères. — Description et culture, par VILMORIN-ANDRIEUX. 1 vol. in-8° avec de nombreuses figures. 12 fr.

Plantes de serre. — Traité théorique et pratique de la culture de toutes les plantes qui demandent un abri, par DE PUYDT. In 8°. 6 fr.

Poiriers les plus précieux, parmi ceux qui peuvent être cultivés à haute tige aux vergers et aux champs, avec les figures au trait des fruits, par J. DE LIRON D'AIROLLES. 1874. 9e édit. In-8°. 2 fr.

Poires. — *Quarante Poires* divisées en 4 séries de 10 poires, dont la maturation a lieu pendant les mois de juillet à mai, contenant le nom, la synonymie, la description des poires, de l'arbre, le mode de culture, l'époque de la cueillette du fruit avec la silhouette de chacun et de grandeur naturelle, suivies de considérations sur la culture et la taille du poirier, par P. DE MORTILLET. 3e éd., in-8°. 3 50

Poires d'élite. — 50 variétés pour grande et petite culture. Descriptions et culture, accompagnées de 50 figures noires dessinées d'après nature et de 37 figures dans le texte, par G. MICHELS, horticulteur. 1 vol. in-18. — Prix 2 fr. 50 ; *franco* 2 75

Poirier et Pommier. — Traitement de la branche à fruit, par l'abbé LEFÈVRE. In-18 avec 2 pl. 60 c.

Potager (*Le*) et la *maîtresse de maison.* — Tableaux indiquant les quantités de chaque légume nécessaires pour un ménage ; les quantités de terrain et celles de semences correspondantes ; les époques de chaque ensemencement et celle des récoltes, par un amateur. Brochure in-8° oblong. 1 fr.

Pomologie. — Dictionnaire de Pomologie, contenant l'histoire, la description, la culture, la fertilité, la maturité, la qualité et la silhouette de grandeur naturelle des fruits anciens et modernes les plus généralement connus et cultivés, par André LEROY, pépiniériste, 6 vol. gr. in-8°. 30 fr.

Les **Poires,** 915 variétés, 2 vol. — *Les* **Pommes,** 527 variétés, 2 vol. — *Les* **Abricots,** 34 variétés, et *Les* **Cerises,** 127 variétés, 1 vol. — *Le* **Pêcher,** 143 variétés, 1 vol.

Tous les volumes se vendent séparément 5 fr.

Potager facile (*Le*), par H. BOULMÉ. 1 vol. in-18 de 188 p. 2 50

Potager moderne (*Le*). — Traité complet de la culture des légumes, par GRESSENT. 9e éd. In-18 avec 131 fig. dans le texte. 7 fr.

Ouvrage couronné par la Société centrale d'horticulture de Paris.

Primevères de Chine. — L'art de les cultiver, par H. PASCAL, jardinier-chef. Brochure in-8° de 16 pages. 1 fr.

Rochers. — Considérations générales sur les différents genres de rochers artificiels, sur leur nature, sur leur mode de construction, etc., par COMBAZ, architecte-paysagiste. In-8° orné de 7 grandes figures. 1 fr.

Roses. — Dictionnaire des roses, ou guide général du rosiériste, contenant la description détaillée de plus de 6,000 rosiers, tant anciens que modernes, par MAX SINGER. 2 f. v. in-18 avec fig. 12 fr.

Roses. — Nouvelle classification, par F. CREPIN. Broch. in-8°. 60 c.

Roses. — Guide à l'usage des amateurs, par Aug. THEUNEN. In-8° avec gravures. 2 fr.

Roses. — *Journal des Roses*, fondé par MM. S. COCHEY et C. BERNARDIN. — Ce Journal paraît tous les mois. Les livraisons sont composées de 16 pages de texte et d'une planche coloriée.

PRIX DE L'ABONNEMENT pour l'année : FRANCE, 12 fr. ; — EUROPE 13 fr. 50 ; — ASIE, AFRIQUE, AMÉRIQUE et OCÉANIE, 14 fr.

Livraisons séparées, 1 fr. 25. — Pas de numéro spécimen.

Les années 1887, 1888, 1889, 1890, 1891 et 1892, brochées, sont disponibles; chaque année. 15 fr.

Truffe. — Etudes sur les truffes comestibles au point de vue botanique, entomologique, forestier et commercial, par H. BONNET. In-8°. 2 fr.

Mémoire couronné par l'Académie des sciences.

Végétation. — Recherches chimiques sur la végétation, par DE SAUSSURE. 1804. In-8° avec pl. et tableaux. 5 fr.

Vigne en treille, sa culture, par l'abbé LEFÈVRE. In-18, 1 pl. 30 c.

Vigne et arbres fruitiers. — Nouveau mode de culture, par J. DESBOIS. 1 vol. in-8°. 3 50

Bibliothèque du Sportsman

Alouette. — De la Chasse de l'alouette au miroir avec le fusil, par NÉRÉE-QUÉPAT. 1 vol. in-18 orné de gravures. 1 50

Bécasse. — Le chasseur à la bécasse, par POLET DE FAVEAUX (SYLVAIN). 1 vol in-18 orné de 35 figures humoristiques dans le texte, dessinées par FELICIEN ROPS. (*Nouvelle édit. en préparation*).

Chasse (*Los paramientos de la Caza*), ou règlements sur la chasse, par DON SANCHO LE SAGE, roi de Navarre, publiée en 1180. Nouvelle éd. avec introduction et notes du trad. 1 vol. in-18 2 fr.

Chasse. — Soixante années de chasse. — Pratique de la chasse au chien courant à pied et à cheval ; au chien d'arrêt en plaine et sous bois, au marais, sur les étangs et sur les rivières, par J.-A. CLAMART, 3e édit. revue et corrigée par l'éditeur. 1 vol. in-18 orné de 60 figures dans le texte. 3 50

Chasse à courre et à tir. — Nouveau traité, par A. DE LA RUE et le marquis de CHERVILLE. 2 vol. in-18 ornés de 141 figures dans le texte, par CH. JACQUE, LANÇON, etc., et accompagné de 41 fanfares. 20 fr.

Le même, imprimé sur papier vergé. 40 fr.

Chasse aux petits oiseaux, par CRAHAY, 2e éd. In-18, fig. 1 50

Chasseur infaillible. — Chasse au chien d'arrêt, par MARKSMAN, trad. de l'Anglais sur la 3e édit., augmenté d'un appendice sur la chasse des oiseaux de marais. Nouvelle édition, revue et corrigée par l'éditeur. 1 vol. in-18 orné de 31 fig. 3 50

Cheval domestique (*Les Origines du*), d'après la paléontologie, la zoologie, l'histoire et la philologie, par PIÉTREMENT. 1 vol. in-8°. 8 fr.

Cheval. — Manuel hippique sommaire de l'éleveur-cultivateur, enseignement professionnel dédié aux élèves adultes des Ecoles rurales, par BASSERIE, lieutenant-colonel de cavalerie, 3e édit. 1 vol. in-18. 1 fr.

Approuvé par la Commission des bibliothèques scolaires.

Cheval. — Recherches sur la nature des affections typhoïdes du cheval, par SALLE. 1 vol. in-18 orné de 50 fig. dans le texte. 3 50

Ouvrage couronné par la Société de Médecine vétérinaire.

Cheval en France (*Le*), depuis l'époque gauloise jusqu'à nos jours. Géographie et institutions hippiques, par E. HOUEL. 1 vol. in-8°. 3 fr.

Cheval de service. — Production, élevage et dressage, par Ephrem HOUEL. 1 vol. in-18. 1 fr.

Chevaux. — Conseils aux éleveurs de chevaux, par Charles DU HAYS. 1 vol. in-18, fig. 3 50

Chevaux de chasse. — Leur condition en France, par le comte LE COUTEULX DE CANTELEU. 2e édit. 1 vol. in-18. 1 fr.

Chien de chasse (*Du*). — Chiens courants, espèces et variétés, élevage, dressage, maladies, extrait du *Nouveau traité des chasses à courre et à tir*. 1 vol. in-18 orné de 17 figures et d'un plan de chenil. 7 fr.

Conseils aux Chasseurs sur le tir, les armes, la chasse en plaine et les différentes chasses d'oiseaux aquatiques, par H. ROBINSON. 2e édit. 1 vol. in-8e orné de pl. et de grav. dans le texte. 5 fr.

Dommages aux champs causés par le gibier, *lapins, lièvres, sangliers, etc.*. — De la Responsabilité des propriétaires de bois et forêts, et des locataires de chasse, par SOREL. 2e éd 1 vol in-18. 3 50

Ecurie. — Economie de l'écurie. Traité de l'entretien et du traitement des chevaux, par J. STEWART, trad. de l'anglais sur la 7e édit., par le baron d'HANENS. 1 vol. in-18 orné de 20 fig. 3 50

Fauconnerie ancienne et moderne, par CHENU et O. DES MURS. 1 vol. in-18 orné de fig. 3 50

Maladies du cheval. — Description et traitement, suivis de *Notions de chirurgie vétérinaire* et d'une pharmacie économique, par A. G***. 1 vol. in-18 orné de 23 fig. dans le texte. 2 fr.

Pêche à la ligne. — Conseils par G. JOBEY. 1 vol. in-18 orné de 35 fig. 1 50

Pied de cheval (*Le*) et la manière de le conserver sain, par W. MILES, trad de l'anglais par GUYTON. 1 vol. in-8o orné de pl. et de figures dans le texte. 5 fr.

Chasse, Chevaux, Chiens, Oiseaux de Volière, etc.

Acheteur de chevaux. — Guide pratique, par A. RIVET, ancien officier acheteur. 3e édit. 1 vol. in-18. 3 50

Cailles, Perdrix, Colins ou Cailles d'Amérique. — Guide pratique pour les élever, etc , par ALLARY. 1 vol. in-18, fig. (*Nouvelle édition, en préparation.*)

Cavalier. — Nouvelle école du cavalier ou l'art d'apprendre à monter à cheval sans sortir de son cabinet, par J. MUSSIEUX in-18. 1 fr.

Chasse au Gabion, par DIGUET. In-18, fig. 1 fr.

Chasse en plaine, au bois, au marais. — Nouveau guide pratique du petit chasseur, par E. NODOT. 1 vol. in-18 orné de planches. 4 fr.

Cheval. — Manuel à l'usage de nos amateurs de chevaux et des gens d'écurie, par un homme de cheval. 2e édit. 1 vol. in-18 de 200 pages. 5 fr.

Cheval. — La connaissance général du cheval, par MM. MOLL et GAYOT. 3e édit. 1 vol. in-8o et un atlas de 103 fig. 15 fr.

Cheval (*Le*) **du laboureur et du soldat,** ou le cheval de service en France, par BOUNICEAU. 1 vol. in-8o de 60 pages. 2 fr.

Chevaux français (*Les*) en Angleterre (1865), par E. HOUEL. In-8o. 2 fr.

Chien. — Traité pratique. — Histoire; description des races de chasse françaises et étrangères, de garde et de défense, de troupeaux, de sauvetage, d'agrément; reproduction, élevage, nourriture, logement; dressage; hygiène; maladies internes et externes et leur traitement, par A. GODIN. 1 vol. in-8o orné de 10 grav. 3 50

Chien. — Chien, histoire naturelle, races d'utilité et d'agrément, reproduction, éducation, hygiène, législation, par Gayot. 1 vol. in-8° avec atlas de 127 fig. 12 fr.

Courses. — Les courses en France, en Belgique, etc., par Ch. du Hays. 1 vol. in-8°. 5 fr.

Encastelure du pied du cheval, par Defaye, professeur d'art vétérinaire. 1 vol. in-18 orné de 5 fig. dans le texte. 75 c.

Faisans, Canards, Mandarins, Cygnes, etc. — Guide pratique pour les élever, par Alfred Touchard. 2ᵉ édit. 1 vol. in-18 avec figures. 2 fr.

Faisans, tragopans, crossoptilons, lophophores, etc. — Manuel d'élevage, suivi d'une *Monographie des Phasianidés*, par Dherse. 1 vol. in-18. 2 fr.

Fauconnerie. — Précis contenant les indications nécessaires pour affaiter et gouverner les principaux oiseaux de vol, suivi de l'éducation du cormoran, par Sourbets et de Saint-Marc, 1 vol. in 8°. 5 fr.

Guide-Mémoire pratique à l'usage des propriétaires de chevaux, par le capitaine Ferd Michel. Broc. de 24 pages. 50 c.

Oiseaux de volière (*Manuel de l'Amateur des*), ou Instruction pour connaître, élever, conserver et guérir toutes les espèces d'oiseaux que l'on aime à garder en volière ou dans la chambre, par Bechstein (*Nouvelle édition*, classée et revue par l'éditeur). 1 vol. in-18 orné de 85 figures dans le texte. 3 50

Poulains. — Manuel du petit éleveur de poulains dans le Perche, soins à donner aux poulinières, etc., par J.-B. Huzard. 1 vol. in-18 orné de 4 figures et de 2 planches lithographiées. 2 fr.

Vénerie. — Traité de vénerie, par d'Yauville. 1859, 1 vol. grand in-8° papier vélin, orné de 4 grandes gravures hors texte, de 9 fig. médaillons, et accompagné de 42 fanfares. 25 fr.

Le même, papier ordinaire, sans gravures et sans fanfares. 6 fr.

Divers

Cent trente recettes pour apprêter le lapin, ouvrage dédié aux personnes économes et gourmandes, par Hachebée, 1 vol. in-18. 1 fr.

Cuisinière (*La*) **de la ville et de la campagne,** par L. E. A. 45ᵉ édit. 1 vol. in-18 cart., orné de 300 fig. 3 fr.

Enquêtes administratives. — Traité et Formulaire, à l'usage de MM. les juges de paix, suppléants de juges de paix et maires, par E. Nœuvéglise, licencié en droit et juge de paix. In-8°. 1 fr.

Etat civil. — Conditions et formalités pour la célébration des mariages. Formule à l'usage de MM. les maires et adjoints, par Toussaint. In-4°. Cart. avec fers dorés sur le plat. 2 50

Gravure. — Des mordants, des vernis et des planches dans l'art du graveur, par Deleschamps. 1836. 1 vol. in-8°, accompagné de 3 planches gravées. 3 50

Ménage. — Economie du ménage, ou principe d'économie populaire, par Gérardi. 1 vol. in-18. 1 50

Pâtissier de la ville et de la campagne, par P. Quentin. 3ᵉ édit. 1 vol. in-18 orné de 100 fig. dans le texte. 3 50

Angers, Imp. LACHÈSE et Cⁱᵉ, 4, chaussée Saint-Pierre.

BIBLIOTHÈQUE DE L'HORTICULTEUR PRATICIEN

Ananas à fruit comestible. — [illegible]ctuelle comparée à l'ancienne culture, suivie d'une notice sur la culture forcée [illegible] Gontier. 1 vol. in-32, orné de 13 fig. dans le texe et hors texte.......... 3 fr.

Arbres fruitiers (*Conseils sur le choix, la culture et la taille des*), pouvant convenir aux provinces du nord, de l'est, de l'ouest et du centre de la France, par le comte de Lambertye. 1 vol. in-18, orné de 33 grav. dans le texte.......... 1 fr.

Asperges (*Semis, plantation et culture des*), par Bossin, 4e édit. 1 vol. in-18, orné de fig. dans le texte.......... 1 fr.

Botaniste et herboriste (*Petit Manuel du*), donnant la description de 229 plantes officinales, suivie de principes de médecine, de pharmacie, d'hygiène et d'économie domestique, etc., par L. T. F. M. et P. M. 3e édit. 1 vol. in-18, orné de 150 fig. dans le texte.......... 2 fr. 50

Bouturer, greffer, marcotter et semer (*Guide pour*) les plantes d'ornement, annuelles, vivaces, arbres et arbustes, etc., extrait en partie du *Jardin fleuriste*, par Ch. Lemaire et Lequien. 3e édit. In-18, orné de 35 fig. dans le texte.......... 1 fr.

Cactées. — Leur culture, suivie d'une description des principales espèces et variétés, par Palmer. 1 vol. in-18, orné de 33 fig. dans le texte.......... 2 fr.

Champignons. — Culture des champignons, avec l'indication d'une nouvelle méthode pour en obtenir en tous lieux par l'emploi de la mousse, etc., par Salle. 4e édit. 1 vol. in-18, orné de 20 fig. dans le texte.......... 1 fr.

Champignons. — La culture en plein air, dans les caves et dans les carrières, par Laizier. In-18, orné de 7 fig.......... 60 c.

Cyclamen. — Description et culture, par un amateur. 1 vol. in-18, orné de fig. 50 c.

Fraisier. — Sa culture en pleine terre, suivie d'un choix des meilleures variétés à cultiver, par le comte de Lambertye. 1 vol. in-18.......... 1 fr.

Jardin fleuriste (*Le*). — Instructions pour la culture des plantes annuelles, bisannuelles, vivaces; fougères; plantes à feuilles ornementales; oignons à fleurs; arbrisseaux; arbres et arbustes, par Lemaire, Lequien, Bossin, Bernardin, comte du Buysson, Palmer, Porcher, Rivière fils aîné, etc., revu et complété par A. Rivière. 3e édit., 1 vol. in-18, orné de nombreuses fig. dans le texte.......... 3 50

Jardinage. — Éléments de jardinage pouvant convenir aux provinces du nord, de l'est, de l'ouest et du centre de la France, par le comte de Lambertye. 1 vol. in-18, orné de fig. dans le texte.......... 1 fr.

Jardinier illustré (*Le Nouveau*). — Ouvrage pratique pour la culture et la taille des arbres fruitiers; la culture ordinaire et forcée des légumes; des plantes de pleine terre, de serre froide et tempérée, de serre chaude, par MM. Hérincq, Lavallée, Neumann, Verlot, Courtois Gérard, Pavard, Burel et Hariot, revu et corrigé par l'éditeur. 1 vol. in-18 de 1,769 pages, orné de plus de 580 fig. dans le texte, dessinées par MM. Courtin, Faguet et Riocreux. — *Admis pour les Bibliothèques scolaires*.... 7 fr.

Légumes en pleine terre sans abris. — Conseils sur les semis de graines de légumes, pouvant convenir aux départements du nord, de l'est, du nord-ouest et du centre de la France, par le comte de Lambertye. 4e édit. In-18.......... 1 fr.
Admis pour les Bibliothèques scolaires.

Légumes et fleurs. — Conseils sur leur culture, sous un, deux ou trois châssis, pendant les douze mois de l'année, pouvant convenir aux provinces du nord, de l'est, de l'ouest et du centre de la France, par le comte de Lambertye. In-18, orné de 6 fig. 1 fr.

Melons (*Culture des*). — Méthode simple et précise pour obtenir des melons d'une grosseur extraordinaire, etc., par Dufour de Villerose. 4e édit., 1 vol. in-18, orné de 23 gravures. — *Admis pour les Bibliothèques scolaires*.......... 1 fr.

Poirier et Pommier. — Semis, plantation et culture dans les champs et les vergers, suivis d'une notice sur la fabrication du cidre et sur les préparations alimentaires des poires et des pommes, par Ferdinand Mauduit. 1 vol. in-18, orné de 24 figures. — *Admis pour les Bibliothèques scolaires*.......... 1 25

Rosier. — Semis, culture et taille, par un amateur. 1 vol. in-18, avec fig. dans le texte.......... 1 fr. 10

Rosiériste. — Aide-mémoire pour les soins à donner aux rosiers forcés et de pleine terre, pendant toute l'année. In-18.......... 50 c.

Nota. — Le catalogue complet de la librairie sera envoyé *franco* sur demande *affranchie*. — M. Goin se charge de fournir, aux conditions détaillées à la première page de son catalogue général, les ouvrages de **DROIT**, de **LITTÉRATURE ANCIENNE** et **MODERNE**, de **MÉDECINE**, de **SCIENCES DIVERSES**, dont on voudra bien lui faire la demande (*Écrire franco*).

ANGERS, IMPRIMERIE LACHÈSE ET Cie, CHAUSSÉE SAINT-PIERRE, 4.

www.ingramcontent.com/pod-product-compliance
Ingram Content Group UK Ltd.
Pitfield, Milton Keynes, MK11 3LW, UK
UKHW012047240726
13965UKWH00003B/1113